宇宙探秘丛书

Diqiu Dashijian

谢献春　王玉芳　张文敏　吕　泓　编著

地球大事件

SPM 南方出版传媒
广东科技出版社｜全国优秀出版社
·广　州·

图书在版编目（CIP）数据

地球大事件 / 谢献春等编著. —广州：广东科技出版社，2021.4（2022.8 重印）
（宇宙探秘丛书）
ISBN 978-7-5359-7614-7

Ⅰ. ①地… Ⅱ. ①谢… Ⅲ. ①地球物理学—普及读物 Ⅳ. ① P3-49

中国版本图书馆 CIP 数据核字（2021）第 030806 号

地球大事件
Diqiu Dashijian

出 版 人：朱文清
责任编辑：黄 铸 严 旻
封面设计：柳国雄
责任校对：高锡全
责任印制：彭海波
出版发行：广东科技出版社
（广州市环市东路水荫路 11 号 邮政编码：510075）
销售热线：020-37607413
http：//www.gdstp.com.cn
E-mail：gdkjbw@nfcb.com.cn
经 销：广东新华发行集团股份有限公司
印 刷：广州市彩源印刷有限公司
（广州市黄埔区百合三路8号 邮政编码：510700）
规 格：787mm×1 092mm 1/16 印张 5.5 字数 130 千
版 次：2021 年 4 月第 1 版
2022 年 8 月第 2 次印刷
定 价：48.00 元

前　言

1990 年 2 月 14 日，旅行者 1 号探测器越过太阳系的八大行星向外飞奔而去时，回过头来，在 64 亿千米之外首次为地球拍下了一张特殊的全家福，这就是著名的“暗淡蓝点”。地球不仅因为有 70% 以上的表面被海洋覆盖，更因为生灵的繁衍，成为到目前为止太阳系行星乃至已探知的系外行星中唯一有生命的蓝色星球。地球的演化和生命的孕育，使这颗普通的星球变得无比美丽、神秘，它不仅使科学家为其痴迷，也让孩子们充满好奇：“地球上为什么会有生命存在？”“海洋是怎么形成的？”“人类的祖先是谁？”……地球历经 46 亿年的演化，对其研究需要天文学、地球科学、地层学、考古学、生物学等多学科的综合研究。向中小学生生动而有趣地展示地球演化这幅恢宏壮阔的历史画卷是我们编写本分册的目的。

关于地球演化历程的专业书籍、新闻报道、科教视频等资料很多，最新的考古发现与研究成果也可从研究部门的数字资讯或权威的专业杂志拾得，但这些内容要么比较零散，要么术语专业，晦涩难懂，往往难以满足大众读者特别是中小学生的需要。随着新课程改革的推行，今年普通高中地理必修课内容增加了“地球的历史”这一节。基于此，广东科技出版社希望出版一本书，从中小学生的视角，用通俗易懂的语言，配以直观生动的图片，科学、系统地介绍地球的演化。《地球大事件》是“宇宙探秘丛书”的一个分册，本书力图以宇宙视角为切入点，从地球的形成开始，介绍地球所在的宇宙环境、地球大气和海洋的形成、板块运动及地球海陆分布格局的演变、地球生命诞生和演化的过程、人类的诞生与进化、地球气候变化对当今环境的影响等。编写过程中既注重理论知识的概述（更多地配以图片进行直观展示），又对读者好奇的问题进行介绍，如“地球上为什么会有水？”“地球大气层是怎样形成的？”“为什么说青藏高原所在地以前是海洋？”“恐龙为什么会灭绝？”等。当然，由于部分问题目前还没有确凿的科学证据支持，所以我们仅提供了到目前为止比较有说服力的假说。本书的另一特色是把地球 46 亿年的历史浓缩为一天，即 24 小时（将地球形成的时间设定为零时），每秒大约代表 53 200 年，以大家比较熟悉的时间尺度来看地球的演化长卷。

本分册的编写，谢献春负责设计编写大纲，全程把握框架和完成进度，辅助查找资料，解答疑惑，审阅、修改全稿。本分册共分五个部分，其中：Part 1、Part 2 第一点由张文敏执笔；Part 2 第二点和第三点、Part 3、Part 4 第一点由王玉芳执笔；Part 4 第二点—第四点、Part 5 由吕泓主笔，张文敏协助编写 Part 4 第四点，王玉芳协助编写 Part 5；最后，由王玉芳统稿，谢献春审核定稿。

感谢广州大学地理科学与遥感学院方碧真老师的推荐和广州大学科普基地项目负责人潘文彬老师的信任和盛情邀请，让我负责本书的编写工作。万分感谢编写小组付出的艰辛努力，尤其是近一个多月来夜以继日、笔耕不辍地工作。本分册编写时，正处于新冠肺炎疫情期间，编写组成员既要在家完成学业，又肩负着编写的重任，只能挤时间，利用晚上和节假日收集资料，草拟书稿，探讨一个又一个很专业的问题，并力图用最通俗的语言、精美的图片、科学的逻辑框图等向中小学生展示地球的演化长卷。我常常被她们的写作热情、刻苦的钻研精神、一丝不苟的写作态度所感动，我们也常常失落于时空中，为的是共同探索一个又一个的科学问题与呈现方式，使本书得以完成。本书的顺利完成，还得感谢编写小组前期的准备工作，她们收集了大量资料，并对资料的可信度和准确性进行了甄别，还搜寻和绘制了优质的图片等。特别感谢的是王玉芳，她在本科期间是天文协会的科普教育积极分子，她勇于承担本书的编写工作，从编写大纲的草拟、任务分工、信息沟通、图片与文字处理，到最后统稿、与编辑的沟通等，总是不辞劳苦，热情高效地完成每一项任务；张文敏总是善于运用有趣的例子和活泼的笔调，使本书更贴近青少年，她对书稿的编写十分用心，一些地方反复修改，往往一幅插图几易其稿；吕泓虽学业任务繁重，但也不忘抽出时间查阅最新的研究成果。感谢广州大学地理科学与遥感学院科普基地的领导、老师们的信任与鼓励，感谢广东科技出版社的编辑为“宇宙探秘丛书”的筹备、为本分册的审稿和编辑加工等工作付出的辛劳！

本分册主要为大众读者介绍地球的演化历程，篇幅与深度有限，且写作时间较短，难免存在不足与失误，诚挚希望广大读者批评指正。

谢献春

2020 年 8 月 16 日

目录

Part 1

太阳系中的地球

Part 2

地球环境的形成

Part 3

板块运动

Part 4

地球生命的诞生与演化

Part 5

第四纪冰期与海退

Part 1

太阳系中的地球

一、太阳和太阳系

太阳系是以太阳为中心，包括所有被太阳引力所“束缚”而围绕太阳运动的天体的集合体（如图 1-1）。围绕太阳运动的天体包括行星、矮行星、小行星和彗星，其中能被称为行星的只有八个天体，即八大行星，其余的天体都比行星小得多。除水星和金星外，大多数的行星都有卫星。卫星是围绕行星运动的天体，跟随行星而围绕太阳运动。

图 1-1　太阳系

太阳在银河系里只是一颗非常普通的恒星，但它是太阳系的中心天体。太阳系中的八大行星及其他天体都围绕太阳运动，地球是围绕太阳运动的行星之一。

太阳是太阳系中唯一自身会发光的天体。在太阳系这个庞大的家族中，太阳的质量占到太阳系总质量的 99.8%，太阳是名副其实的“一家之主”。

太阳质量极大，但它约 73% 的质量是氢，氢原子在太阳内核不断地发生核聚变，从而产生巨大的能量，使太阳向外辐射出大量的光和热。

二、地球位于太阳系的宜居带

宜居带是天文学上给一种空间的名称，指的是行星体系中适合生命存在的区域。天文学家相信在像太阳系这样的星系中，宜居带内最有可能出现生命。

行星离太阳太近，就会吸收太多的热量，行星上的温度会变得很高，不宜于生物的诞生和生存。行星离太阳太远，则会热量不足，行星上的温度会变得很低，也不宜于生物生存。

地球与太阳的距离不太近，也不太远，正好位于宜居带中，温度适中，这为生物的诞生和生存提供了良好的条件（如图 1-2）。

图 1-2　行星的宜居带

三、地球的昼夜与四季

地球自转使地球有了昼夜的变化，向着太阳的一面就是白天，背向太阳的一面就是夜晚（如图 1–3）。

同时，地球又围绕太阳公转，公转 1 周就是 1 年。因为地球的自转轴略有倾斜，所以有半年北半球被太阳光直射而南半球被太阳光斜射，这半年就是北半球的夏天及南半球的冬天，另外半年北半球被太阳光斜射而南半球被太阳光直射，这另一半年就是北半球的冬天及南半球的夏天（如图 1–4）。

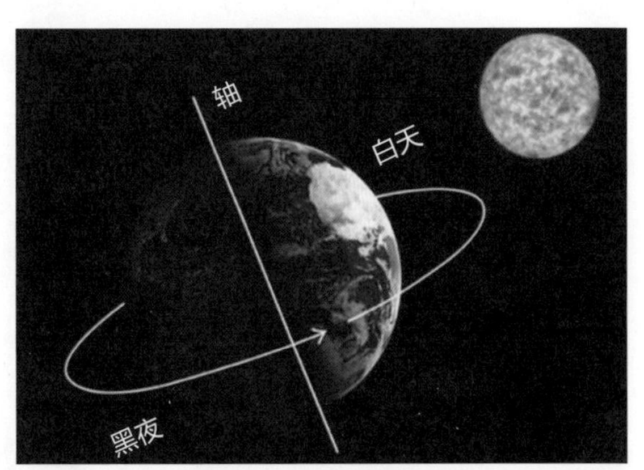

图 1-3　地球昼夜交替

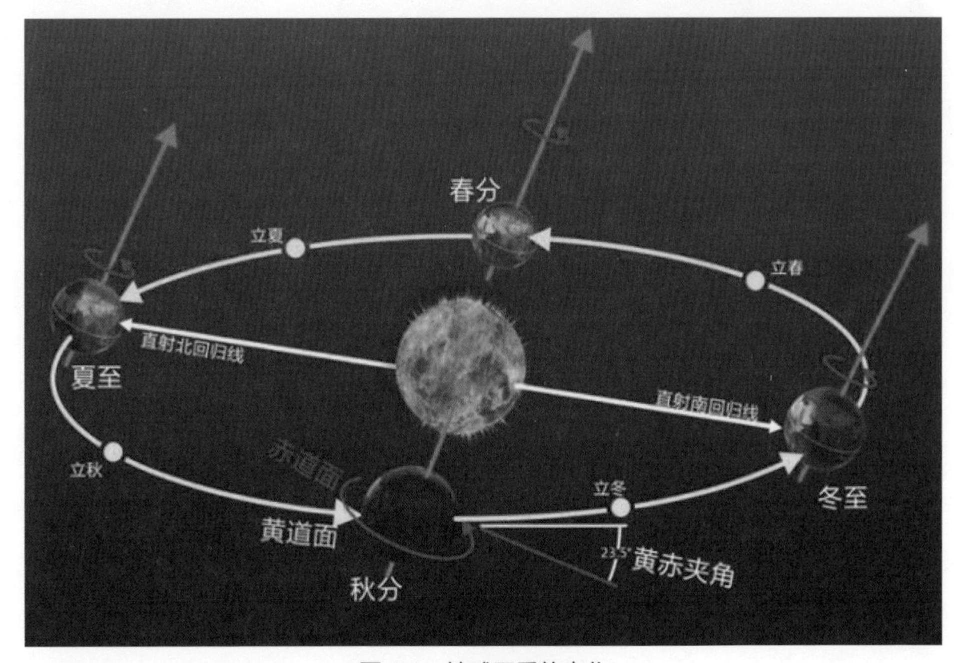

图 1-4　地球四季的变化

四、月球与潮汐

月球是地球唯一的天然卫星，月球围绕地球转动，公转 1 周大约 1 个月，

我们所说的“1 个月”时间就源于此。月球直径 3 476.28 千米，约为地球直径的 1/4；质量 7.349×10^{22} 千克，约为地球质量的 1/81。地球与月球之间的平均距离大约是 384 400 千米。月球表面布满由小天体撞击形成的撞击坑(如图 1–5)。

图 1-5　月球

月球对地球上的海水有吸引力，使海水形成潮汐。月球吸引力是形成潮汐的主要力量。生活在海边的人每天都可以看到潮涨、潮退，涨潮时常常可以看到月亮在天空的正上方 (如图 1–6)。

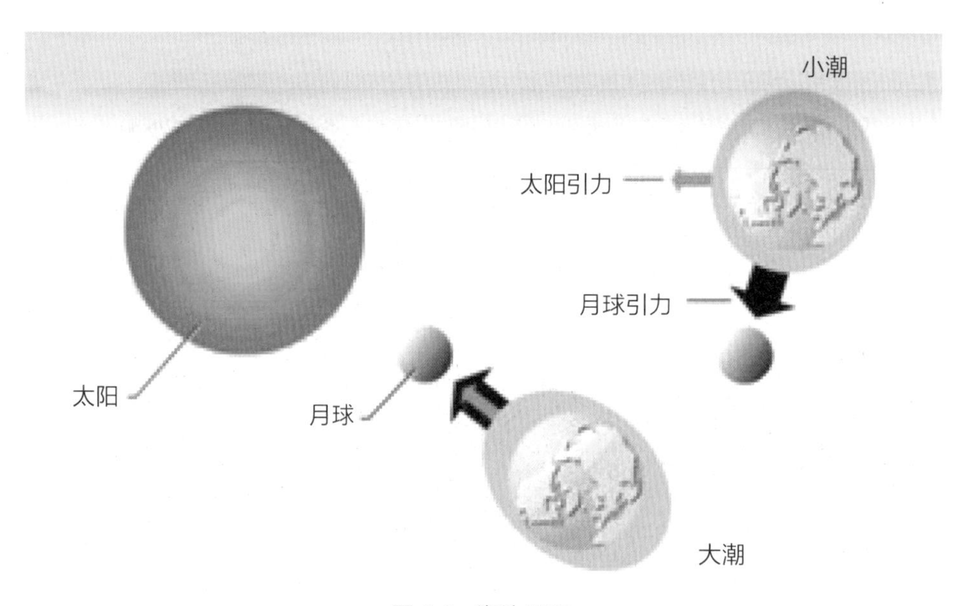

图 1-6　潮汐原理

五、地球充满生机

地球孕育了生命，它是包括人类在内的各种生物的家园。相对于其他如荒漠一样的星球，地球是独一无二的。到目前为止，人类还没有发现第二个拥有生命的星球。

研究人员统计了全球 35 000 个地点的微生物和非微生物物种数，总量达到 560 万种，进而基于比例定律推算出全地球的物种数量可达到 10 000 亿种！这就意味着地球上还有 99.999% 的物种未被人类发现！地球上物种众多，数量巨大，它仍有待人们进一步去探索。

图 1-7　非洲大草原上的斑马

在一望无际的非洲大草原，羚羊和斑马正随风自由奔跑（如图 1–7），猎豹在追逐猎物，雄狮在展示威严；在澳大利亚的大堡礁，珊瑚生机勃勃，色彩斑斓的鱼儿在其中欢快起舞（如图 1–8）；在热带雨林，雨雾弥漫，参天大树遮天蔽日，午后的阳光从树缝透射到林下（如图 1–9），各种各样的动物在这里生息和繁衍，这里既充满生机，又危机四伏。生命的诞生，让地球充满生机。

图 1-8　大堡礁中的海洋生物

地球从诞生至今已有 46 亿年，相比之下，人的一生只能算是一瞬间。地球在这漫长的时间里经历了很多大事件，才演变成今天的样子。本书将跨越这 46 亿年的时间，向你讲述地球发生过的大事件。

图 1-9　热带雨林

Part 2

地球环境的形成

一、地球的形成

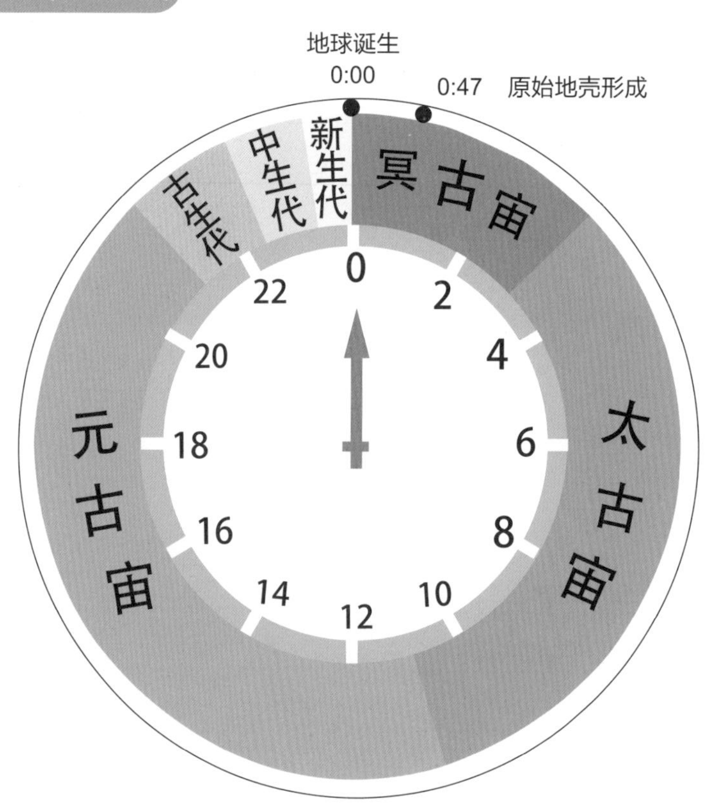

图 2-1　地球的形成时间

1. 从原始火球到地壳初形成

对于地球的诞生，目前科学的解释是，在46亿年前，伴随着太阳系的形成，在太阳周围聚集了很多宇宙尘埃，这些宇宙尘埃在太阳引力的作用下，慢慢地相互碰撞而聚在一起，经过约1亿年的时间，形成了地球的原始星胚（如图2-1）。那时候地球温度极高，呈现熔融状态，地面上的环境与现在天差地别：天空或赤日炎炎，或电闪雷鸣；地表火山喷发，熔岩横流（如图2-2）。

图2-2　原始地球的表面

地球是一颗行星，伴随着太阳系诞生。太阳约在46亿年前形成，那时，围绕在太阳周围的微尘彼此碰撞、吸附，逐渐形成微粒、团块，再累积成原始的行星、卫星等天体，地球就是其中一员。在地球形成初期，由于陨石不断地撞击，加上内部放射性物质衰变后释放大量热量，地球处于熔融状态，如同一个大火球（如图2-2、图2-3）。

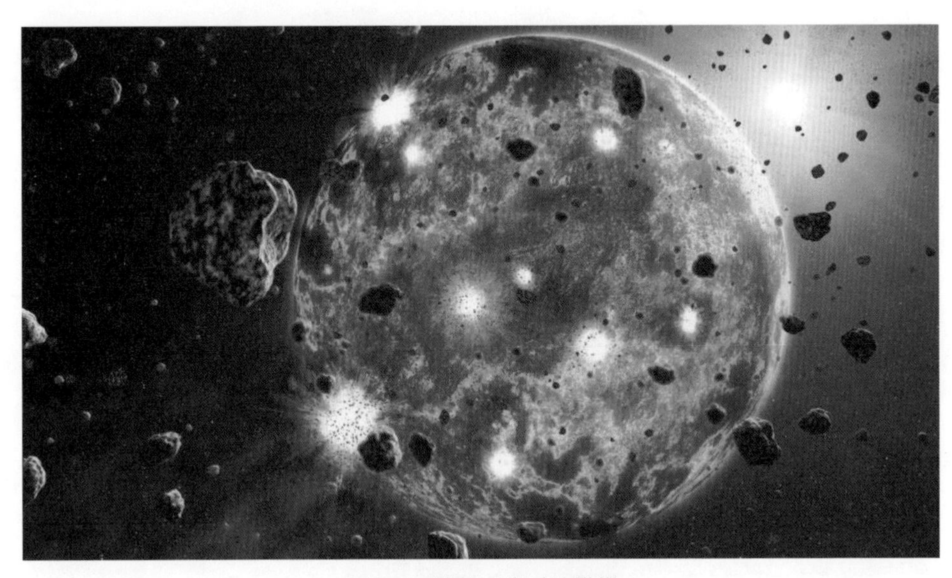

图2-3　地球诞生时的模样

这些熔融的物质渐渐冷却，较重的物质率先下沉，较轻的物质慢慢上升（如图 2-4），经过这样的重力分异过程，铁、镍等重金属元素沉积在核心而成为地核，次重的铁镁硅酸盐物质向上集中，导致原始地幔形成（如图 2-5）。随着地球表面慢慢地冷凝，在假想时钟的 0 时 47 分（即约 44.5 亿年前）形成了固体的原始地壳。

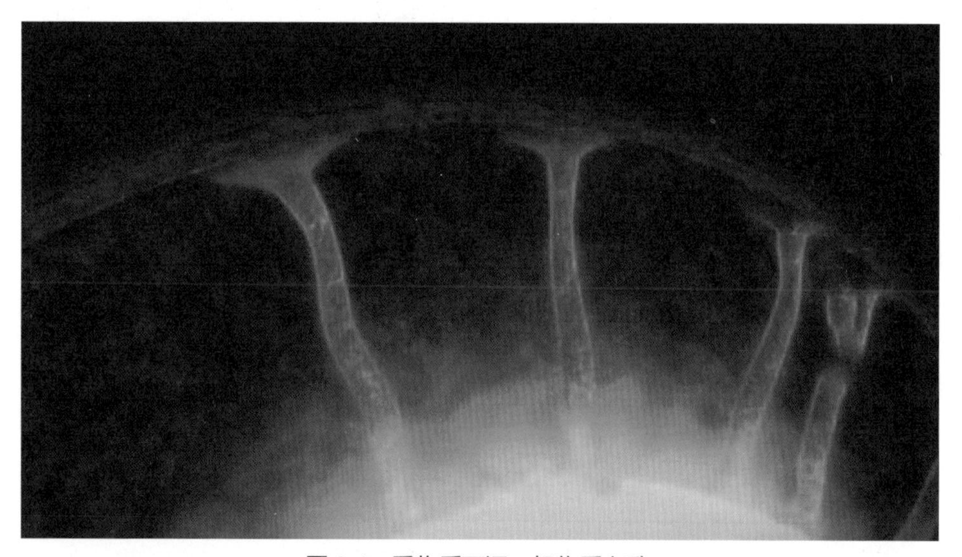

图 2-4　重物质下沉，轻物质上升

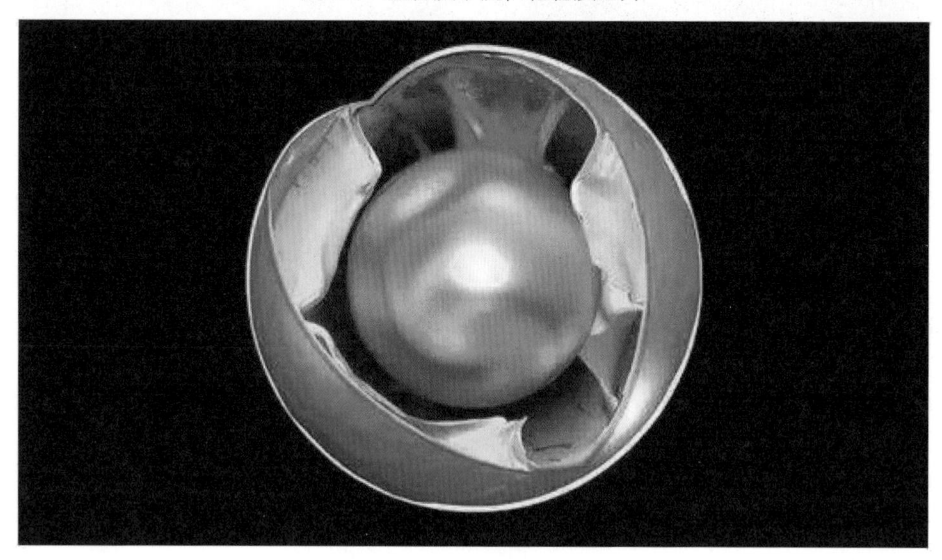

图 2-5　地球内部重力分异的演化

2. 地球的年龄约为 46 亿岁

地球的年龄可分为天文年龄和地质年龄。地球的天文年龄是指地球作为一个天体形成的时间，这个时间同地球起源的假说有密切关系。地球的地质年龄是指地球上地质作用开始的时间。从原始地球形成经过早期演化到具有分层结构的地球，估计要经过几亿年，所以地球的地质年龄小于它的天文年龄。地球上最古老的、现在有确切年龄的岩石是阿卡斯塔片麻岩（如图 2–6），年龄约 40 亿岁。地球的地质年龄一定比这个数值大。地质年龄是地质学研究的课题，通常所说的地球年龄是指地球的天文年龄。

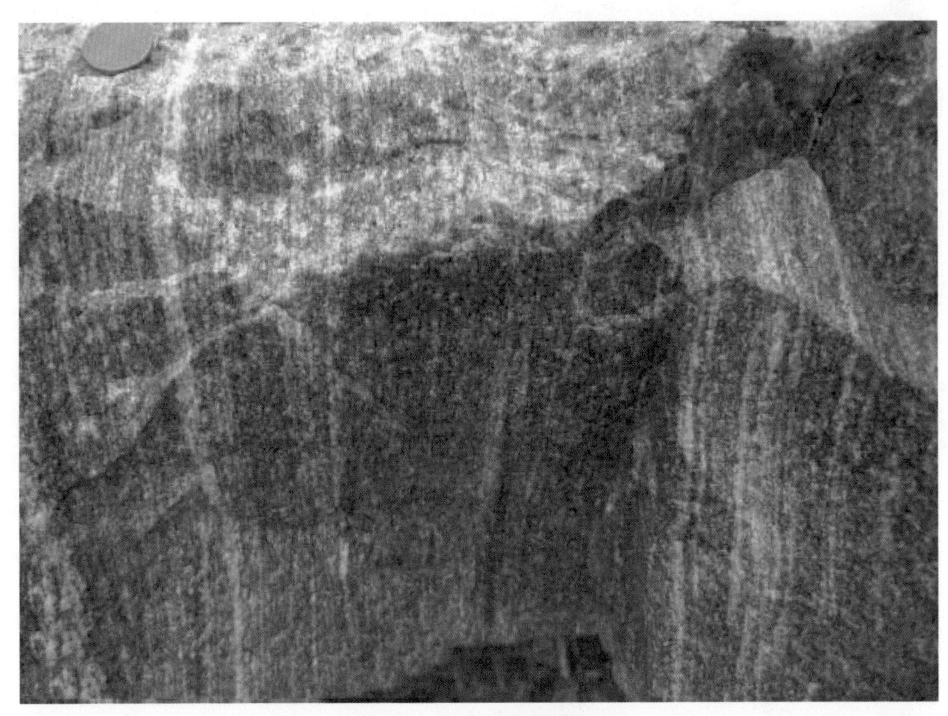

图 2-6　阿卡斯塔片麻岩

从人类的老祖先起，人们一直在苦苦思索地球到底有多老、地球“活腻”了吗。古时候，玛雅人把公元前 3114 年 8 月 13 日奉为“创世日”；而我国先民的想象则更为神奇，古老的神话故事“盘古开天地”中说，宇宙初始犹如个大鸡蛋，盘古在黑暗混沌的蛋中睡了 18 000 年，一觉醒来，用四肢劈开天地，又过了 18 000 年，天地形成（如图 2–7）。

图 2-7 盘古开天地

图 2-8 克莱尔 · 彼得森

随着科技的发展，人们试图用地球上发生的一般物理化学过程来估算地球的年龄，如根据地球表面沉积岩的积累厚度、海水含盐度随时间的增加量、地球内部的冷却率等估算它的年龄。但是这些过程的变化速率在地球历史上是不恒定的，因此不可能得到正确的年龄估算。1953 年，地球化学家克莱尔 · 彼得森（如图 2–8）利用同位素法最早测定了地球年龄约为 45.5 亿年。

20 世纪 60 年代末，科学家测定取自月球表面的岩石标本，发现月球的年龄在 44 亿 ~46 亿年之间。根据目前最流行的太阳系起源的星云说，即太阳系的天体是在差不多的时间内凝结而成的观点，可以认为地球是在 46 亿年前凝结而成的，即可以认为地球是在 46 亿年前形成的。然而要确定地球的年龄并非如此简单，因为地球表面的岩石并不是在地球形成时就存在的。由于地球内部的运动和化学变化，它们经历了多次分异、熔融和改造。因此，要计算地球的年龄还必须解决一系列的理论和实验技术问题。

3. 地球的圈层结构

地球的结构用 6 个字简单概括，就是“里三层外三层”。“里三层”是指地壳、地幔、地核。“外三层”是指大气圈、水圈、生物圈（如图 2–9）。

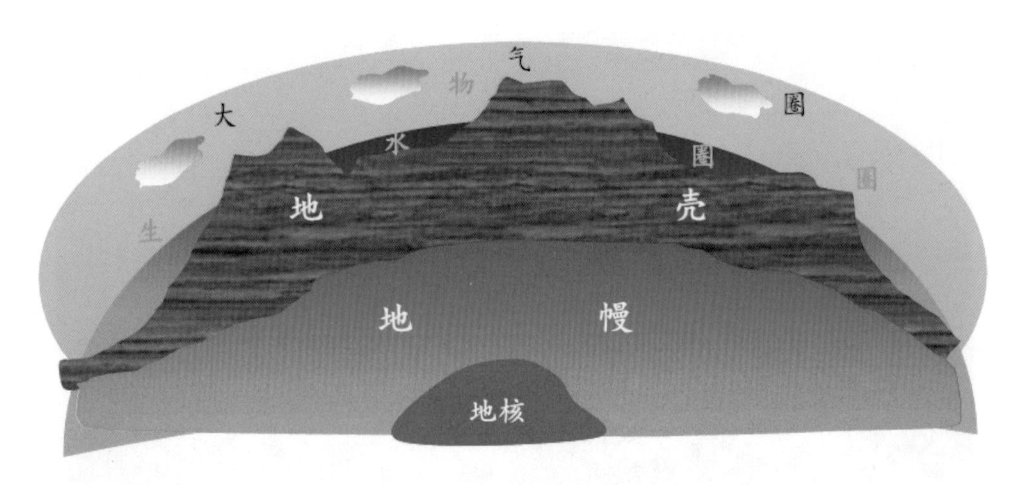

图 2-9　地球的圈层结构

（1）未煮熟的“鸡蛋”——内部圈层结构。在日常生活中，大家经常会在菜市场看到买西瓜的阿姨在不切开西瓜的情况下，通过敲打西瓜外皮来判断西瓜内部的成熟情况。通常没熟或刚熟的西瓜内部比较硬，敲击形成的振动频率就比较高，因此声音清脆；沙瓤的西瓜内部比较软，形成的振动频率低，因此声音低沉。可用类似的方法测量地球的内部结构。

对于地球，科学家又是通过什么手段来了解地球的内部结构的呢？答案是：地震波。

地震波在不同弹性、不同密度的介质中，其传播速度和通过的状况会不一样。地震波在地球深处传播时，如果传播速度突然发生变化，这突然发生变化所在的面称为不连续面。根据不连续面的存在，人们间接地知道地球内部具有圈层结构。

1910 年，地震学家莫霍洛维契奇意外地发现，地震波在传到地下 50 千米处时有折射现象发生，他认为这个发生折射的地带就是地壳和地壳下面不同物质的分界面。1914 年，德国地震学家古登堡发现，在地下 2 900 千米深处，存在着另一个不同物质的分界面。后来，人们为了纪念他们，就将两个面分别命名为“莫霍面”和“古登堡面”，并根据这两个面把地球内部分为地壳、地幔和地核三个圈层（如图 2–10）。

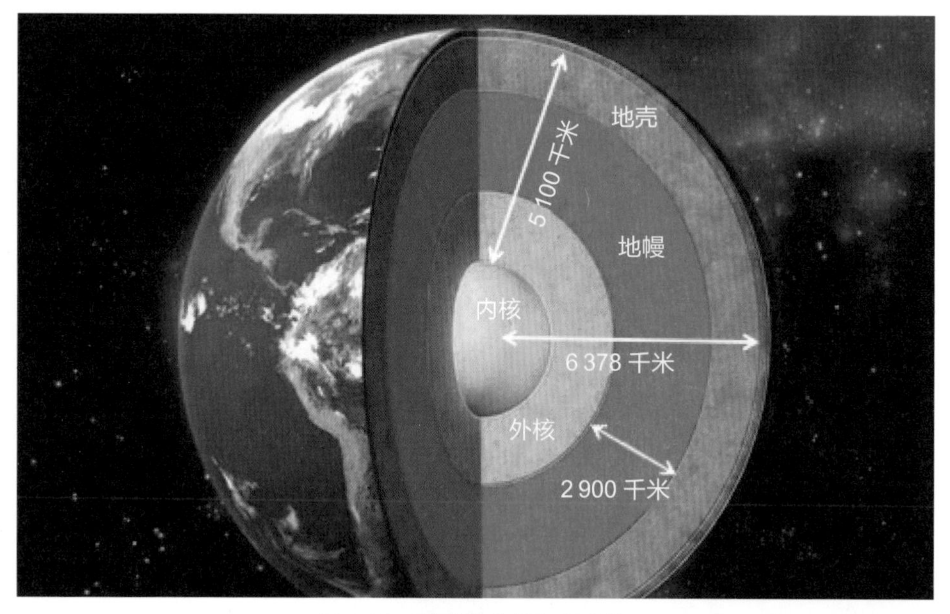

图 2-10　地球的内部圈层结构

如果把地球的内部结构做个形象的比喻，它就像一个鸡蛋，地核相当于蛋黄，地幔相当于蛋白，地壳相当于蛋壳。

（2）笼罩的“面纱”——外部圈层结构。

大气圈。大气圈即地球外部的气体包裹层，它是地球与宇宙物质相互交换的前沿。这一圈层分布在地面至 2 000~3 000 千米高度的范围内（如图 2-11）。根据大气的分布特征，大气圈自下而上又分为对流层、平流层、中间层、热层、散逸层。由于地

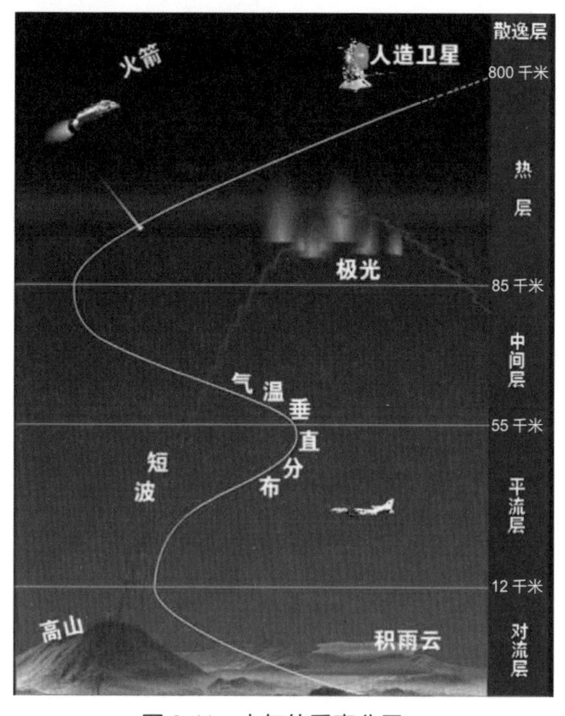

图 2-11　大气的垂直分层

心引力的作用，几乎全部的气体都集中在地面至 100 千米高度的范围内，其中 75% 的大气又集中在地面至 10 千米高度的对流层范围内。大气是人类和其他生物赖以生存必不可少的物质条件，也是使地表保持恒温和水分的保护层，同时还是促进地表形态变化的重要动力和媒介。

水圈。水圈是地球上海洋和陆地的液态水和固态水构成的一个大体连续的覆盖在地球表面的圈层，包括江河湖水、海水、土壤水、浅层和深层地下水，以及南北极冰帽和大陆高山冰川中的冰，还包括大气圈中的水蒸气和水滴。水圈的主体为大洋，其面积约占地球表面积的 71%。地表水、地下水和大气中的水在太阳辐射热的影响下不断进行着水循环。水循环不仅调节气候、净化空气，而且几乎伴随着一切自然地理过程，促进了地理环境的发展与演化（如图 2-12）。

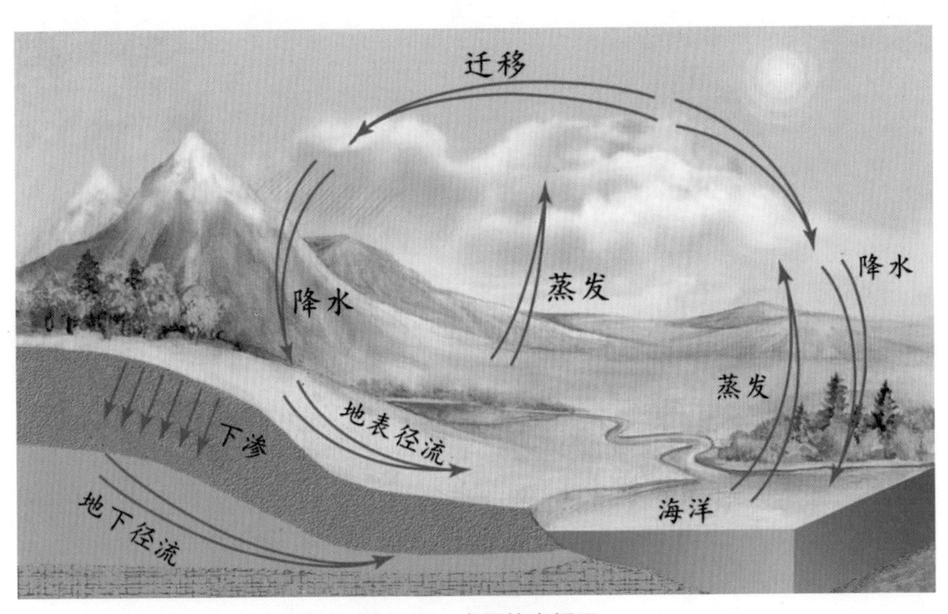

图 2-12　水圈的水循环

生物圈。生物圈是指生物及其活动范围所构成的一个极其特殊和重要的圈层，它是地球上所有生物及其生存环境的总称。在地理环境中，生物圈并不单独占有某部分区域，而是渗透于水圈、大气圈的下层和岩石圈的表层。它们相互影响、交错分布，其间没有一条明显的分界线。生物圈在促进太阳能转化、改变大气圈与水圈的成分、参与风化作用和成土过程、改造地表形态等方面扮演着重要的角色。

二、大气的形成

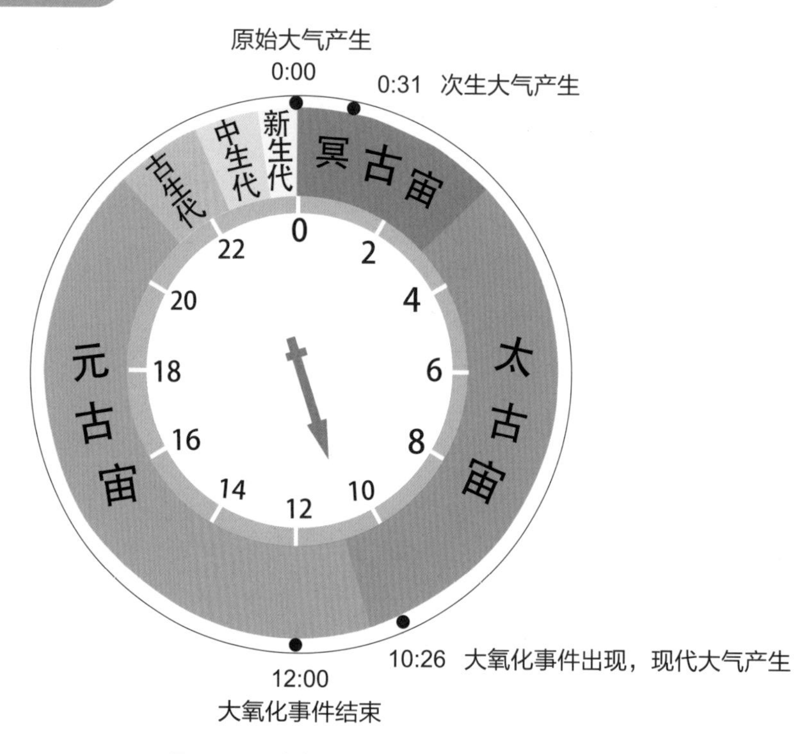

图 2-13　大气的形成时间

地球大气经历了原始大气、次生大气和现代大气三个时期（如图 2-13），不同时期的大气成分有所不同。

1. 原始大气和次生大气的来源

大气层是地球的天然防护层，在阻挡宇宙天体撞击、大规模太阳辐射和减少地球昼夜温差等方面有重要作用，它像“保护伞”一样笼罩在地球表面。那么大气是如何形成和演化的呢？不同阶段的大气成分又是如何的呢？

原始大气氢气和氦气大约产生在 46 亿年前，伴随着地球的诞生而出现。当星云开始凝聚时，大量的气体包裹在地球周围，地球借助自身引力吸引了太阳系中运动的气体和尘埃，其中最主要的成分是氢气和氦气。但由于当时太阳风活动频发，与太阳相比，地球的体积和质量较小，引力较弱，加上地表温度持续升高，原始大气逐渐膨胀并向宇宙空间逃逸散失（如图 2-14）。

图 2-14 太阳风吹散行星气体

次生大气是在地球内部释放出来的，它在距今 45 亿 ~26 亿年前笼罩在地球表面。原始大气逐渐逃逸后，在地球进一步形成的过程中，由于天体猛烈撞击产生的巨大能量被转换为热能并储存在地球内部，地球内部的平均温度高达几千摄氏度，地表温度达到 1 500℃。

地球原始物质在炙热状态下变成岩浆，岩浆在地球内部不断运动，有的冲到地球表面，形成地震和火山喷发现象。随着火山喷发，天体撞击地球时产生的气体，以及地球内部原本就有的气体被释放出来（这种现象称为“排气”），在地表形成还原性的甲烷、二氧化碳、水蒸气、氨气、氮气等次生气体（如图 2-15），大量的水蒸气也在“排气”中进入地球大气。由于地表温度很高，水蒸气从炽热的地表上不断蒸发上升，遇冷凝结为水珠降落到地表。

图 2-15 火山喷发释放次生大气

这些次生大气比原始的氢气和氦气重。经过十几亿年的演化，地球的体积变得比原来更大，有足够的引力不让气体逃逸到太空中去。于是，这些气体便能较稳定地存在于地球大气层中。

2. 现代大气的漫长演化历程

现代大气是多种气体的混合物，其主角是氮气，其次是氧气和其他气体。与次生大气相比，氮气、氧气和臭氧层的出现是现代大气的突出特点，也为地球生命的诞生和繁衍创造了重要的大气环境（如图 2-16）。

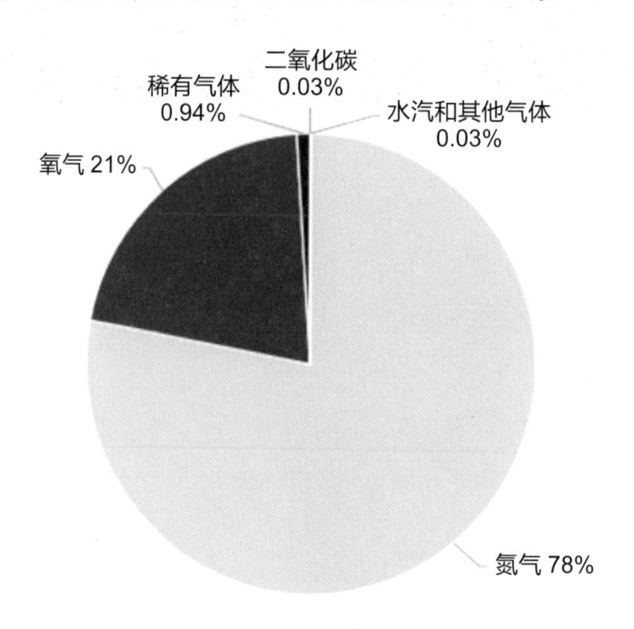

图 2-16　现代大气的成分及占比

在次生大气时期，由于没有臭氧层的阻挡，太阳的紫外线辐射可以肆无忌惮地穿透大气到达地表，将大气中的水蒸气（H_2O）分解成氢元素（H）和氧元素（O）。氧元素会与金属矿物发生氧化反应，不能以气体的形式单独存在。因此，次生大气中是没有稳定的氧气的。

现代大气中的氧气来源于植物的光合作用，蓝藻对此功不可没（如图 2-17）。我们都知道，太阳的紫外线辐射具有强大的破坏力和杀伤力，因此，最早的生命诞生于太阳光线照不透的深海或矿石裂隙中。蓝藻是一种发育于海洋中、能在无氧环境中生存的原核生物，并且能够通过光合作用释放氧气。随着更多植物的出现并参与光合作用，大气中的氧气含量逐渐增加。

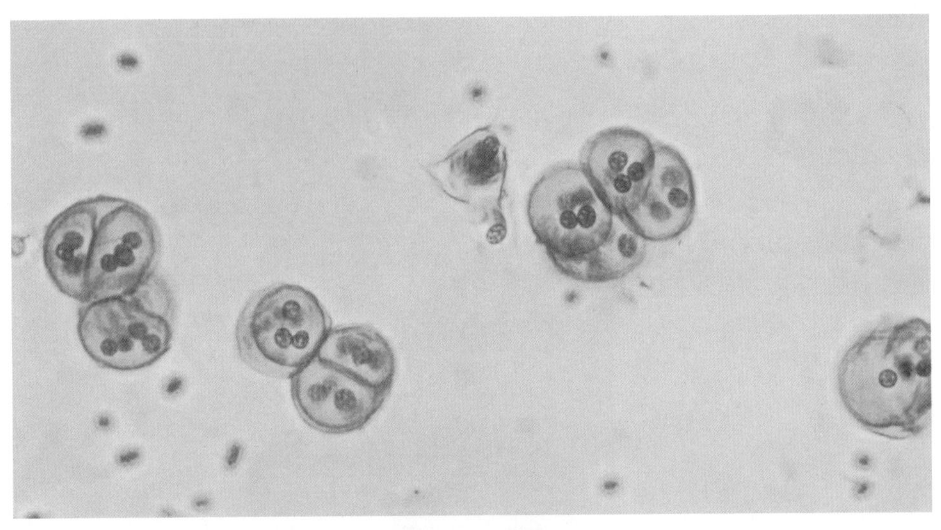

图 2-17 蓝藻

然而，令人难以想象的是，在距今 26 亿 ~23 亿年前，地球上的氧气含量骤增，这带来了一场浩劫般的大氧化事件。氧气含量的增加使大量厌氧生物灭绝。但地球生命的进化进程却因祸得福，幸存下来的生物开始进行有氧代谢，这为生物的多样性创造了条件。

这一时期，许多金属矿物与氧气发生化学反应，这使地球上的矿物多样性增加。地球上目前发现的近 4 000 种矿物中，接近一半是由大氧化事件直接造成的。例如，蓝铜矿生长在含铜矿床或矿围岩裂隙中，在矿床氧化带容易转化为与孔雀石相伴生的次生矿物(如图 2-18)。又如，绿松石是含有氧化铜、氧化磷、氧化铝三种氧化物的集合体(如图 2-19)，绿松石由水流沉淀生成，颜色从蓝色、绿色到浅绿色、浅黄色，硬度也有很大差异。

图 2-18 蓝铜矿孔雀石

图 2-19 绿松石

氧气含量的增加也为臭氧层的形成创造了条件。臭氧（O_3）是由紫外线制造出来的，紫外线能将氧气分解为两个氧原子，氧原子很容易和其他物质发生化学反应，当氧原子与氧分子发生反应时，便形成臭氧（如图 2-20）。臭氧在高空中形成的薄层可以有效阻挡太阳的紫外线照射到地面，保护地面的生物不会受到紫外线的伤害。

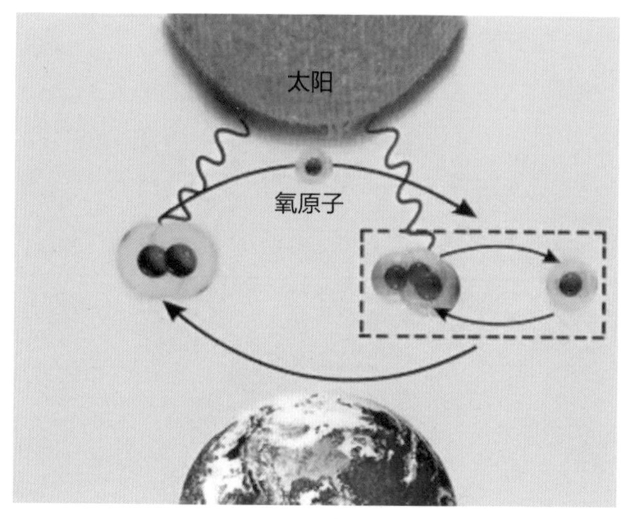

图 2-20　臭氧的形成

现在的大气成分中，氮气（N_2）占了 78% 左右，它是大气的主要成分。然而，在次生大气中，氮的含量是极少的，它主要是火山喷发的“排气”现象带来的。氮气含量的增加，是随着氧气的增加，次生大气中的氨气与氧气发生化学反应而产生的。而且，氮可以参与生物循环，动物的排泄物和动植物遗体能经过细菌分解放出氮气，如一些根瘤菌可以吸收氮，植物腐烂后氮会被重新释放出来，又回到大气中。

3. 二氧化碳是生命演化的双刃剑

二氧化碳是一种碳氧化合物，在常温下是无色无味的气体。在次生大气中，二氧化碳含量丰富，直到原始植物通过光合作用吸收二氧化碳，将碳固定在生物、水和岩石中，空气中二氧化碳的含量才逐渐下降。而大量植物在光合作用中释放的氧气（如图 2-21），逐渐改变了大气氛围，为复杂生命的出现打下了基础。可见，二氧化碳对原始植物的生长、地球生命的孕育和演化是极为重要的。

另一方面，大气中二氧化碳含量高会产生温室效应。科学家研究后认为，在地球形成的早期，由于地球的“排气”，二氧化碳含量很高，地球在形成初期是一个热球。随着植物的出现，光合作用大量吸收二氧化碳，地球的温度才逐步降到现代的水平。

然而，今天随着人类对化石能源的使用，大气中二氧化碳的含量不断增加。2019 年 5 月，大气二氧化碳月均浓度超过 0.0415%，为过去 80 万年来最高。使用化石能源除了带来空气污染外，产生的二氧化碳作为一种温室气体也使全球气温升高，加剧了温室效应。哈佛大学有研究团队推测，地球二氧化碳浓度的增加会影响农作物的生长，使作物在生长过程中缺乏锌、铁等元素，进而影响人类健康，使人体缺锌、缺蛋白质，造成营养不良。目前，世界各国在共同努力降低二氧化碳的排放量。保护地球家园，也是保护人类自己。

图 2-21　植物的光合作用

4. 臭氧空洞的形成与危害

臭氧分子集中分布在距地面 25~30 千米的高空，虽然数量仅是空气分子的十万分之一，却对地球生命的健康和生存环境有重要作用。它们可以吸收紫外线，防止大部分紫外线到达地球表面（如图 2–22），对地球生命起着巨大的保护作用。

20 世纪 70 年代，科学家发现全球臭氧总量呈现递减的趋势。1985 年 2 月，英国南极考察队发现，自 1977 年开始，南极洲上空的臭氧总量从每年 9 月下旬开始减少近 50%，形成臭氧空洞，直至当年 11 月才逐渐恢复。科学家在长期的跟踪、监测下，发现臭氧空洞的“罪魁祸首”是大量用作制冷剂、喷雾剂、发泡剂等化工制剂的氟氯烃。人类向空气中排放的这种气体与臭氧分子发生

图 2-22　臭氧层阻挡大量紫外线到达地表

反应，一个氯原子能破坏 10 万个臭氧分子，使臭氧浓度降低，形成臭氧空洞（如图 2-23）。

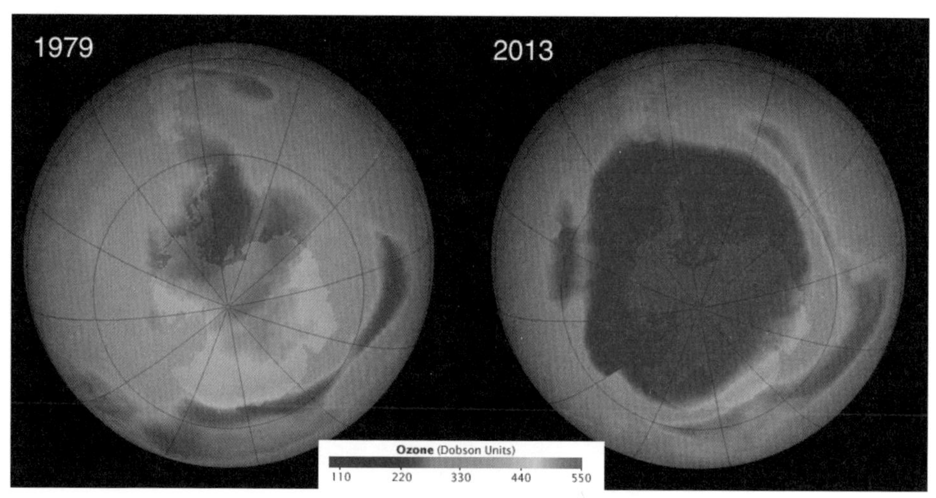

图 2-23　南极臭氧空洞的面积增长

臭氧空洞的产生使人们患白内障（甚至失明）和皮肤疾病的概率增加，抵抗力减弱；也造成大豆生长矮小且果实少等，导致树木生长速度减慢，破坏自然生态系统平衡；影响浮游生物和鱼类生存，危害海洋食物链等。

尽管臭氧空洞分布位置不同，南北极和青藏高原上空的臭氧空洞更严重，但大气是没有国界的，臭氧的耗损将危及全世界人民的健康和生存环境，因此，其保护需要世界各国人民共同努力。为引起公众的重视，联合国将每年的 9 月 16 日定为国际臭氧层保护日（如图 2-24）。

图 2-24　臭氧层保护

三、海洋的形成

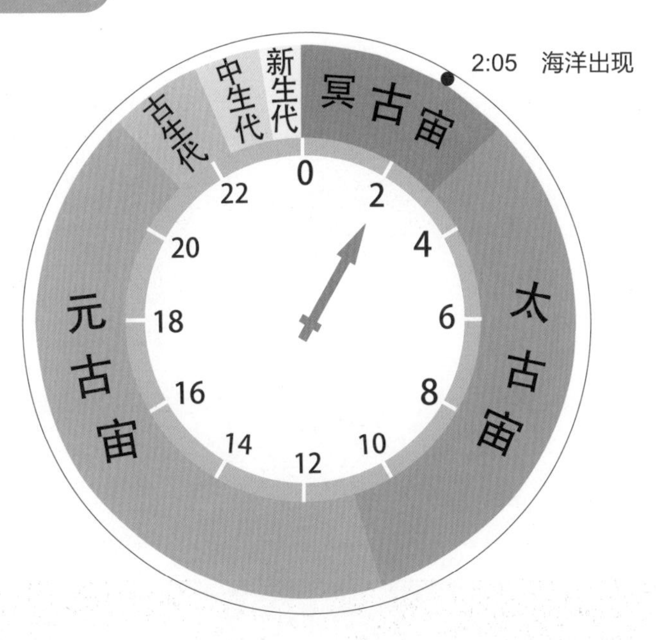

图 2-25　海洋出现的时间

大约在距今 42 亿年前，地球上出现了原始海洋（如图 2–25）。人们是如何推测地球上出现海洋的时间的呢？地球上的海洋又是如何形成的？

1. 海洋是如何形成的

科学家在南非发现了一块形成于 27 亿年前的砾岩，这块砾岩含有金、黄铁矿，但表面光滑无比（如图 2–26）。科学家推测，石头的棱角如此圆滑，是靠流水从表面经过，不断拍击、搬运形成的。这块岩石在距今 38 亿年的前寒武纪地盾中发现，成为太古宙时期有海洋和浅水河流存在的有力证据。我们不禁发问：地球上的海洋是如何形成的呢？

图 2-26　含有金、黄铁矿的圆滑砾岩

现代科学普遍认为，地球上海洋的形成主要有两个途径：次生大气中水汽凝结带来规模庞大的降水和冰态彗星撞击地球带来水源。

根据第一种说法，在地球形成早期的地质运动中，伴随着火山喷发，大量火山气体和尘埃笼罩在地球表面，阻挡了大量太阳辐射。由于太阳辐射很难穿透厚厚的火山气体和尘埃到达地表，地球表面温度便开始逐渐降低。大约在 39 亿年前，地球出现冷却的趋势。当地球表面温度降低到水的沸点以下时，次生大气中的水蒸气就逐渐冷凝成液体降落到地表。地表高低起伏，液态水会汇聚到低洼处，形成最初的海洋和河湖。

然而，次生大气中的水蒸气是有限的，与浩瀚的海洋相去甚远。于是，有科学家推测，几十亿年前曾有冰态彗星撞击地球，在彗星与大气摩擦生热的过程中，彗星核部的表面温度升高，出现蒸发、液化、降水，为地球表面带来大量的水。

2017 年，哈勃太空望远镜就拍摄到有大量彗星撞击太阳系外年轻的 HD 172555 恒星（如图 2-27），该恒星距地球约 95 光年，大约形成于 2 300 万年前。

图 2-27　冰态彗星撞击太阳系外恒星

次生大气中的水蒸气大量存在并成云致雨。地表各处的小水流奔流入海的过程中，河湖之水携带着地表物质，使有机物、微量元素也汇入其中。原始海洋逐渐形成，为孕育原始生命提供了条件（如图 2-28）。

图 2-28　海洋的形成

2. 活动的海洋与海底地形

我们能在海边看到波涛汹涌的海浪和起伏变化的潮汐，但其实，相比于深海下的海底地壳活动，海水的运动并不激烈。你可能想象不到，洋底有高耸的海山、起伏的海丘、绵长的海岭、深邃的海沟，也有坦荡的海底平原和海底高原（如图 2-29）。这些海底地形的形成和变化，是海底地壳剧烈的地质活动引起的。

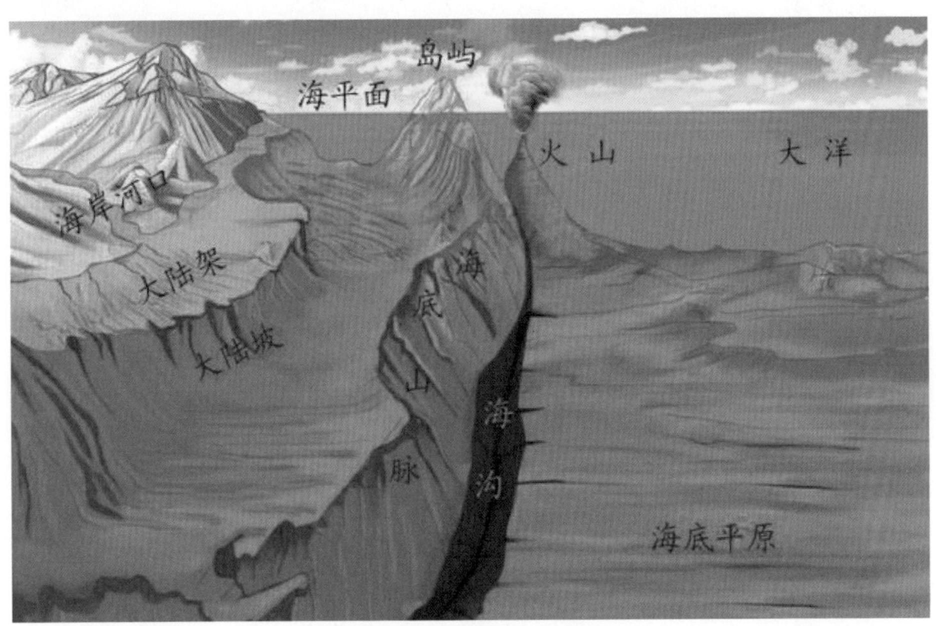

图 2-29　海底地形局部

海底地壳下岩浆喷发，岩浆遇到深海冰冷的海水，在张裂处冷却凝固。随着不断喷出的岩浆在喷发处堆积，在海底形成狭长的山脉，称为海岭，也称海底山脉。世界上有四大洋，分别为太平洋、大西洋、印度洋、北冰洋。位于大洋中央的海岭，称为大洋中脊。四大洋之间有 5 万多千米的海岭相互连接，蜿蜒连绵。部分高大的海岭会高出海平面，这就是我们看到的茫茫大海上露出的岛屿。当很多座岛屿密集分布在一起的时候，便构成群岛。因为海岭处地质结构不稳定，初步形成后仍会有岩浆沿着缝隙喷出，在两侧堆积，所以海岭在洋壳中不断生长，使洋壳扩展（如图 2–30）。大西洋目前就处在不断扩大的过程中。

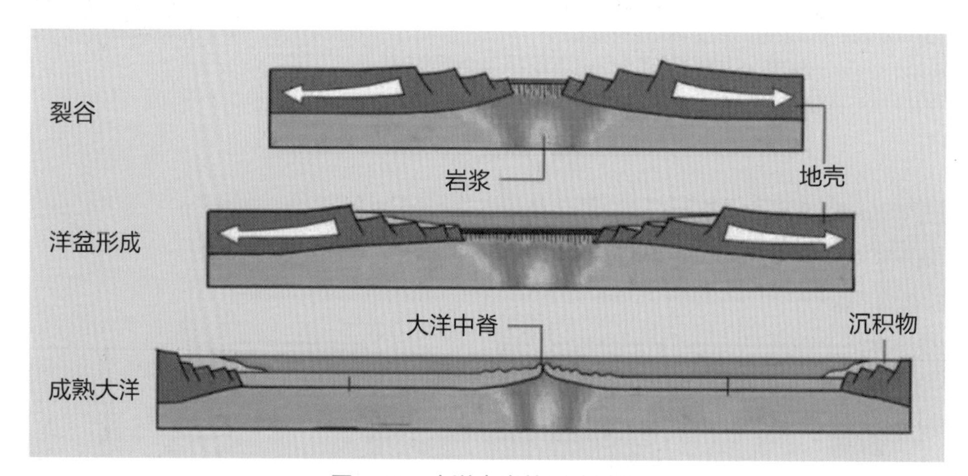

图 2-30　大洋中脊的形成过程

事实上，海底地壳一直处在生长、扩张和消亡的过程中。与海岭水平运动方向相反的是海沟。海沟是海洋板块和大陆板块相碰撞，硬度更大的板块俯冲到另一板块下部，在海底形成的狭长的深凹地（如图 2–31），它是海洋地壳的消亡边界。因此，海沟是海底最深的地方，一般深度大于 5 000 米。世界上最深的海沟是马里亚纳海沟（如图 2–32），深度约 11 千米，它是太平洋板块俯冲到菲律宾板块下部形成的。太平洋也是四大洋中海沟数量和规模最大的大洋，因此，太平洋的面积正在逐渐变小。通常，海沟与火山弧相伴生，或与陆地边缘相平行。

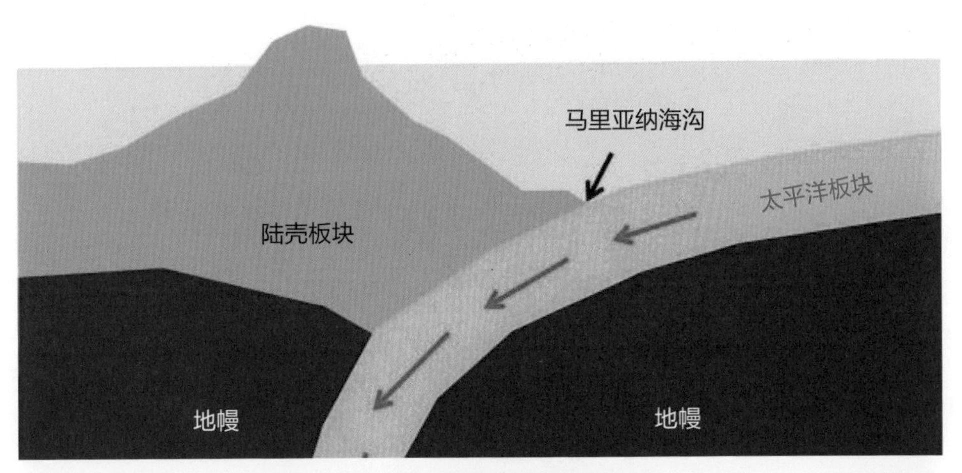

图 2-31　海沟的形成过程

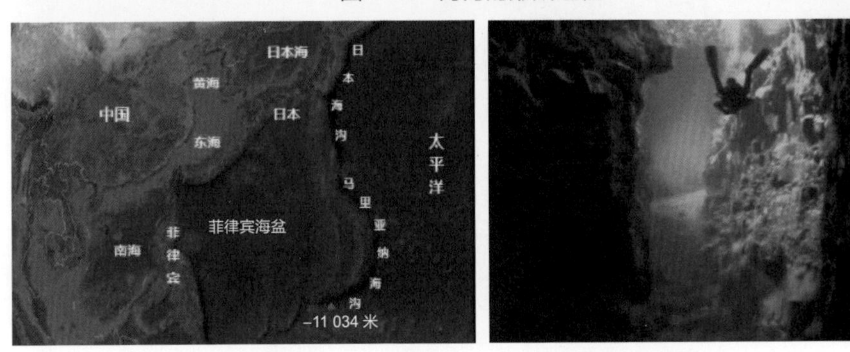

图 2-32　马里亚纳海沟的地理位置和景观

Part 3

板块运动

一、关于板块运动的假说

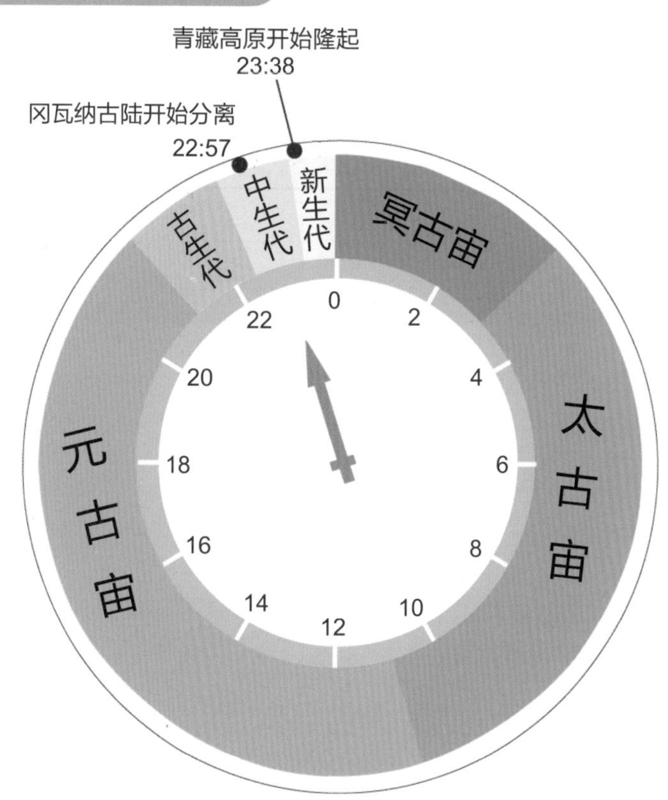

图 3-1　板块运动的时间

地球上的海陆格局并不是亘古不变的，2亿年前冈瓦纳古陆才开始分离，逐渐形成今天的格局（如图3-1）。有哪些证据能证明古今的海陆格局不同？当今的海陆格局又是如何形成的呢？科学家对此又做出了什么猜想和解释呢？

图3-2　气象学家、地球物理学家魏格纳

1. 大陆漂移学说

20世纪初，德国气象学家、地球物理学家魏格纳（如图3-2）提出了大陆漂移学说。大陆漂移学说是解释地质运动和海陆演变的假说。

魏格纳发现大西洋两边（非洲西侧和南美洲东侧）的海岸线十分吻合的时候，还没有认真思考大陆漂移的可能。直到第二年，他看到一篇描述大西洋两岸存在十分相似的远古化石的文章时，才开始重视这个事情。

经过研究，魏格纳认为地球表面存在一个泛大陆，它被称为冈瓦纳古陆，今天的南美洲、非洲、南极洲、印度、阿拉伯半岛和澳大利亚在2亿年前的中生代是连在一起的（如图3-3）。后来，由于潮汐力和离极力的作用，冈瓦纳古陆开始破裂，并不断向西、向赤道作大规模的水平漂移，在距今约7 000万年前的新生代漂移为现在的海陆格局。

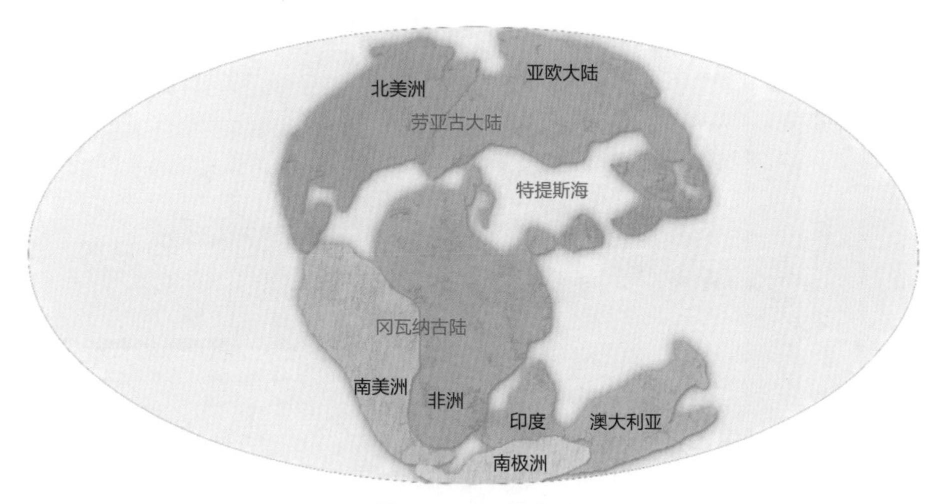

图3-3　冈瓦纳古陆

魏格纳提出大陆漂移学说的猜想时，也给出了相应的论据：

（1）从世界地图上看，非洲西侧的海岸线和南美洲东侧的海岸线极度相似（如图 3-4），动物分布位置也吻合。

（2）美洲与欧洲和非洲的地质构造非常相似。比如欧洲的斯堪的纳维亚山脉和苏格兰高地与北美洲的阿巴拉契亚山脉地质构造相似。

（3）动植物化石的分布在各大洲不均匀（如图 3-5）。

“沧海变桑田”般的大陆漂移学说提出后受到人们的质疑，直到 20 世纪 50 年代中期至 60 年代，随着古地磁与地震学、航天观测的发展，一度沉寂的大陆漂移学说才获得新生，并为板块构造学说的发展奠定了基础。

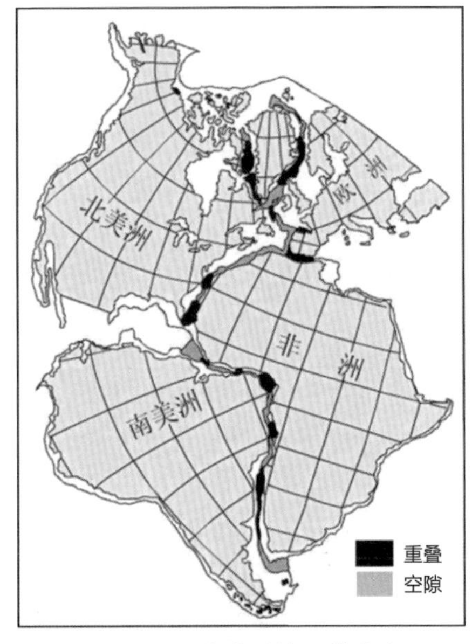

图 3-4　现在大陆边界线吻合

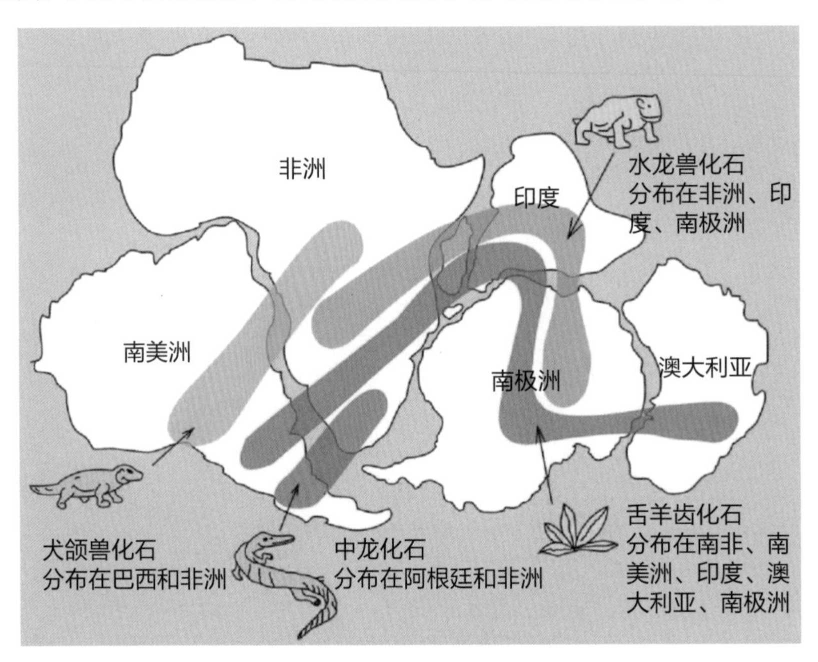

图 3-5　部分动植物化石的分布

2. 海底扩张学说

20 世纪 60 年代，加拿大科学家赫斯和迪茨发现海底正呈现出不断扩张的趋势。于是，他们提出了海底扩张学说（如图 3-6），认为海底是新的洋壳的诞生处。

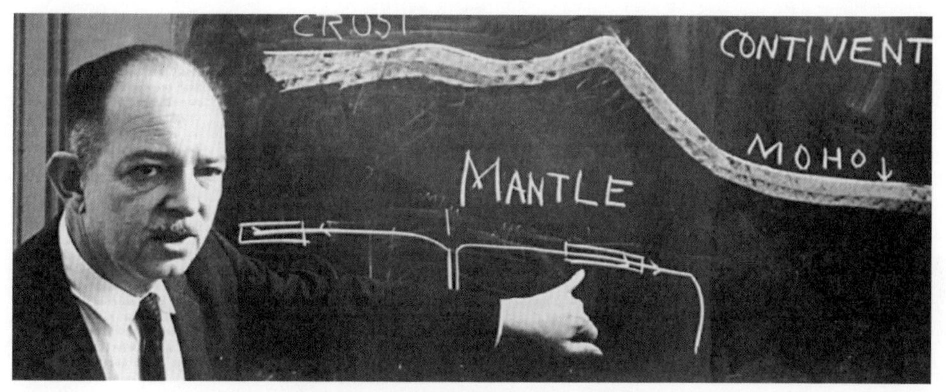

图 3-6 赫斯在讲解海底扩张学说

赫斯发现，大西洋底部越古老的地方，离大西洋中脊越远。如图 3-7 所示，由红色到紫色说明岩石圈厚度递增，而岩石圈越薄，说明地层越年轻。我们可以发现，大西洋中脊的地壳呈现红色，是最年轻的，且处于不断更新中。

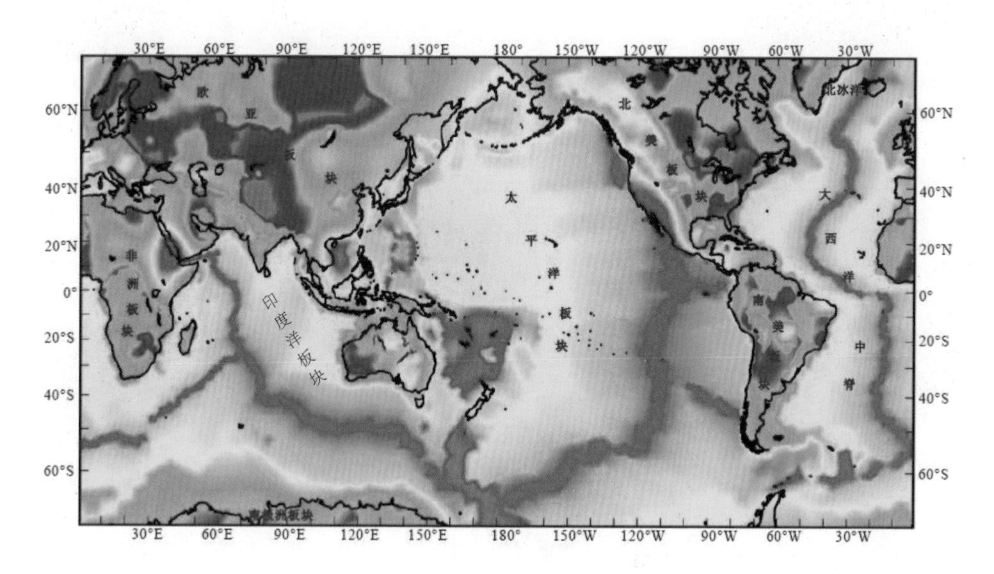

图 3-7 地球岩石圈厚度的分布

为什么海底会不断扩张呢？科学家做出了解释：地球无时无刻不在自西向东转，在自转过程中，密度较小的洋壳会漂浮在密度较大的地幔软流圈之上。由于洋壳底部的地幔物质密度不均一，引起物质对流，在物质上涌的位置，洋壳会受到拉张作用，形成大洋中脊。随着岩浆喷发，来自地幔的岩浆继续涌出，冷凝后形成新的洋壳，原来的洋壳便被推开、挤压到更远的地方。

3. 板块构造学说

20 世纪 80 年代，法国地质学家勒皮雄、麦肯齐与摩根等在大陆漂移学说和海底扩张学说的基础上提出了板块构造学说，也称全球大地构造学说。与海底扩张学说不同，板块构造学说认为不仅洋壳会发生水平扩张，陆壳也曾发生并还在继续发生大规模的水平运动。与大陆漂移学说不同的是，板块构造学说认为水平运动不仅发生在岩石圈上部的硅铝层和硅镁层之间，还发生在上地幔的软流层，地幔的物质运动才是板块运动真正的力量源泉。

根据这一学说，人们发现，板块确实在以每年 1~10 厘米的速度移动，而且移动方向有三种情况：第一种是两个板块相背分离，形成海岭或裂谷（如图 3-8）；第二种是两个板块相向运动，形成山脉或海沟（如图 3-9）；第三种是两个板块刚好接触，相互滑过（如图 3-10）。

图 3-8　板块相背分离

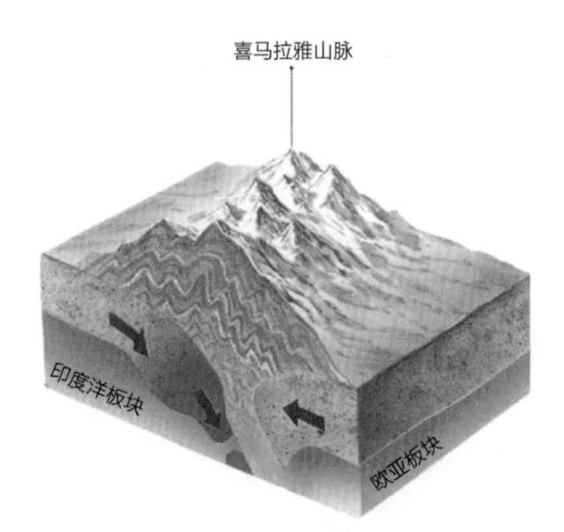

图 3-9 板块相向运动

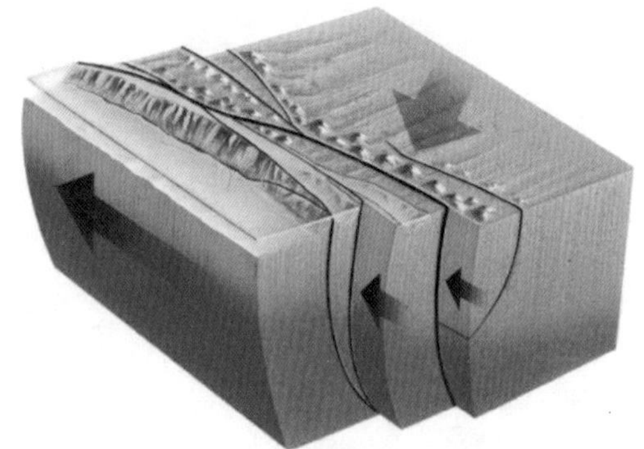

图 3-10 板块接触滑过

地表由厚度大约 100 千米的六大板块（即太平洋板块、美洲板块、欧亚板块、非洲板块、印度洋板块和南极洲板块），以及若干个小型板块（如菲律宾板块等）共同组成（如图 3-11）。

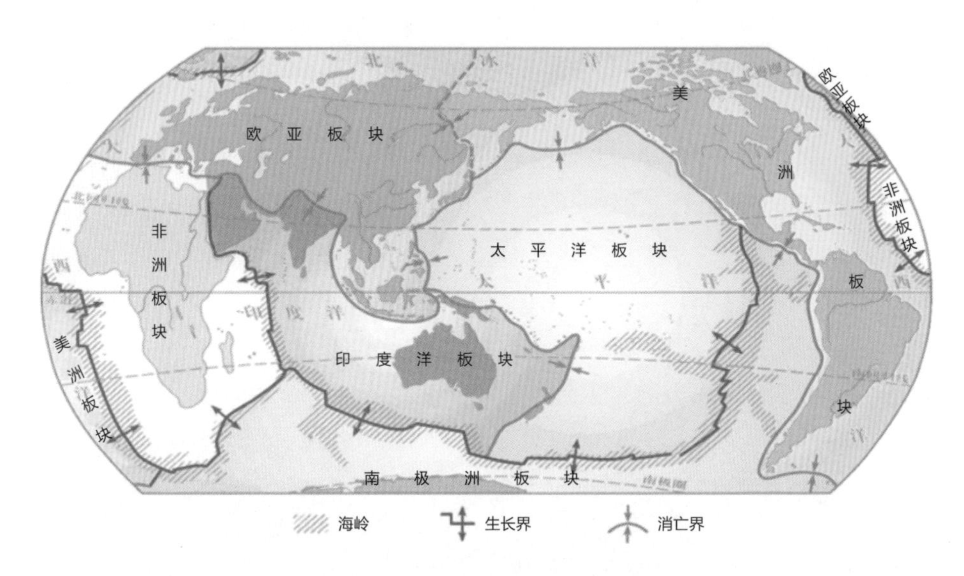

图 3-11 世界六大板块的分布

根据板块构造学说，科学家有这样的猜想：随着大西洋和印度洋的继续扩张，太平洋将进一步缩小，印度和非洲将继续向北推移。欧洲和非洲之间的地中海可能会完全消失，东非大裂谷可能成为新的海洋。南半球的澳大利亚将继续向北漂移。世界将形成新的海陆格局。

二、探秘“世界屋脊”——青藏高原

1. 海洋生物化石中藏着青藏高原的身世秘密

青藏高原位于我国西部偏南地区（如图 3-12），南邻印度次大陆，西接伊朗高原。由于平均海拔超过 4 700 米，青藏高原被誉为“世界屋脊”。青藏高原南部有众多高大的山脉，矗立着世界上最高的山峰——海拔 8 848.86 米的珠穆朗玛峰。

图 3-12　青藏高原的地理位置

然而，近 60 年来，科学家陆续在高原上找到了海洋生物化石和亚热带动物化石（如图 3-13），这不禁让人猜想：青藏高原以前是一片汪洋吗？

图 3-13　珠穆朗玛峰上发现的海洋生物化石

20 世纪 60 年代，我国地质学家常承法带领科考团队在雅鲁藏布江大峡谷首次发现了蛇绿岩——一种贴附在大陆边缘的海洋沉积岩（如图 3-14），证实了青藏高原是大陆板块和大洋板块碰撞、挤压形成的。

图 3-14　蛇绿岩

常承法团队结合板块构造学说，推演出青藏高原的形成过程。

青藏高原在2亿多年前的冈瓦纳古陆时期，位于特提斯海所在位置（如图3-3）。

2.4 亿年前，印度洋板块开始北移，向欧亚板块靠近并相撞，印度次大陆向亚欧大陆的底部俯冲，亚欧大陆被抬升，隆起形成青藏高原。这段时期的构造运动称为喜马拉雅运动，发生在距今 7 000 万 ~300 万年前（如图 3-15、图 3-16）。喜马拉雅山脉上发现的、经过高温高压作用形成的坚硬变质岩是这次构造运动的证据之一（如图 3-17）。

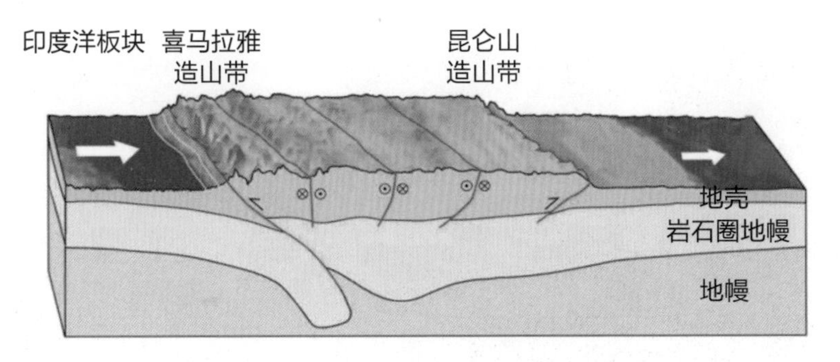

图 3-15　喜马拉雅运动（3 000 万年前）

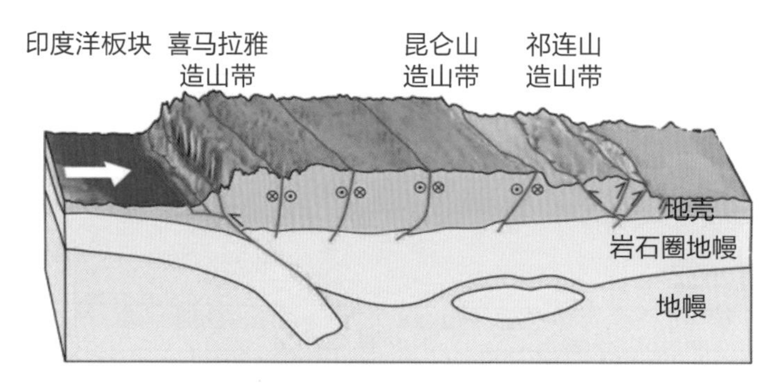

图 3-16　喜马拉雅运动（1 200 万年前）

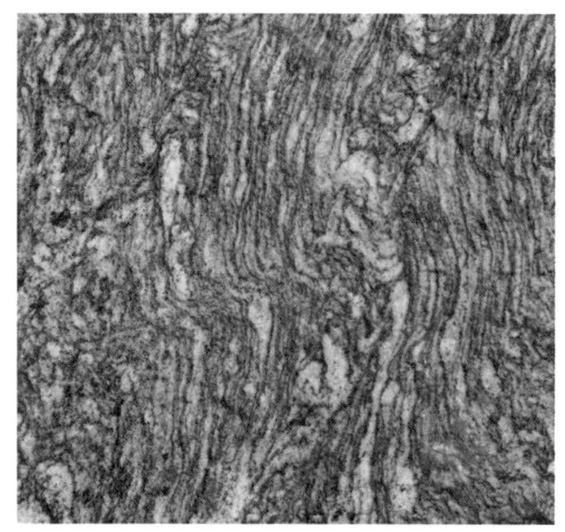

图 3-17　喜马拉雅山脉出露的高级变质岩

在距今约 250 万年时，两大板块碰撞边缘的海拔抬升到 2 000 米左右；在距今约 100 万年时，海拔高度抬升到 3 000 米左右。在如此活跃的地壳运动作用下，高原的断裂活动活跃，高山深谷地貌形成并不断发展。近几十年以来，青藏高原的抬升速度加大，现在平均海拔已经超过 4 700 米。今天，印度洋板块仍在向欧亚板块俯冲，喜马拉雅运动仍未结束，珠穆朗玛峰还在以每年 1 厘米的速度长高（如图 3–18）。

图 3-18　珠穆朗玛峰

为解开青藏高原的身世之谜，近 60 年来，科学家在科学考察和研究中付出了很大的辛劳和代价。地球物理学家滕吉文院士第一次登上青藏高原考察就因为强烈的高原反应而掉了七颗牙齿，回到北京后又掉了七颗，但作为团队的负责人，他不畏艰难，第二年、第三年仍坚持再次进藏。自然地理学家郑度院士在科考中因冰雪对太阳辐射的强烈反射等，双眼落下了不可逆转的疾病。但这些都没有阻挡科学家对青藏高原的探秘热情。未来，还将会有更多学者进一步研究青藏高原的重大科学课题。

2. 青藏高原隆起对我国气候的影响

世界上纬度为 30° N 的地区盛行下沉气流，多晴朗天气，极容易发育热带沙漠，例如非洲的撒哈拉沙漠、西亚的内夫得沙漠、南亚西北部的印度沙漠等都处在 30° N 这一纬度上。而 30° N 在我国境内穿过青藏高原后，到我国的南方地区，却是一片鱼米之乡的景观（如图 3-19）。这是为什么呢？青藏高原的隆起对我国的气候产生了怎样的影响？

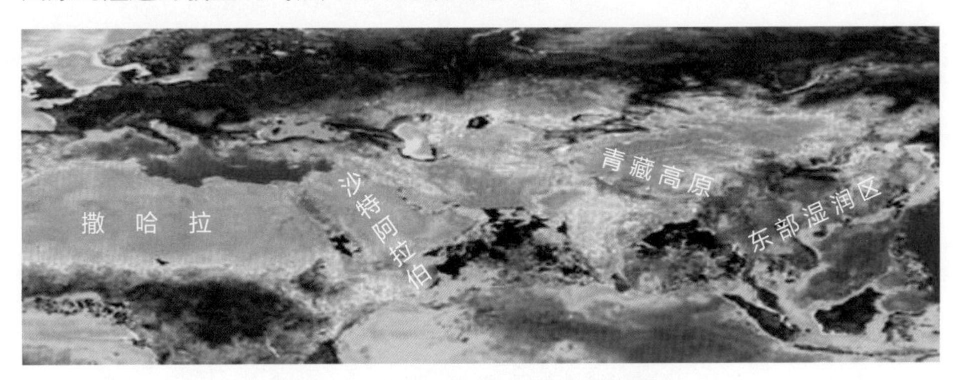

图 3-19　青藏高原对我国东部气候的影响

我国在青藏高原隆起前还是干热的气候，西部地区比东部地区降水多。然而，随着青藏高原逐渐隆起，西部地区降水减少，甚至越来越干旱，而东部地区却降水增加了，甚至孕育了鱼米之乡。这是为什么呢？

一方面，青藏高原隆起后，形成巨大的屏障（如图 3-20），阻挡了来自印度洋的暖湿空气进入我国西北地区，使原先处在特提斯海沿岸的湿润地区变得十分干燥。冬季时，有一股风自西向东吹向我国，这股强风遇到青藏高原的阻挡，被迫从高原的南、北两侧绕行。南侧的这股风给我国西南地区带来暖湿的空气，北侧的这股风则加剧了我国西北地区的干旱气候。冷热气流在四川盆地相遇，给当地带来云雾天气。

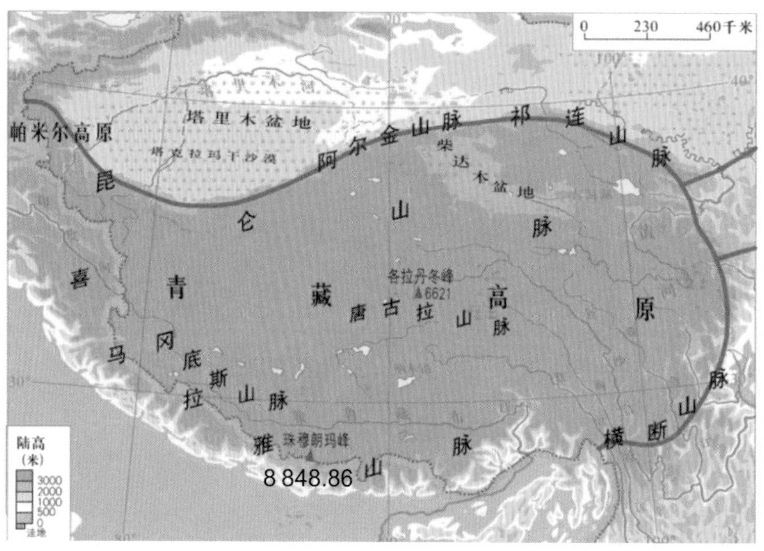

图 3-20　青藏高原的地势特征

另一方面，青藏高原在夏季时吸收大量太阳辐射，地面辐射强烈，白天地表温度急剧上升，空气膨胀上升，大气压强变小，青藏高原对四周空气的吸引力变强。我国东部海域和南部海域的湿润水汽也被青藏高原吸引，这使我国夏季风增强，给我国东部地区带来更多的降水，也给青藏高原东侧和南侧的山区带去充沛的雨水（如图 3-21）。

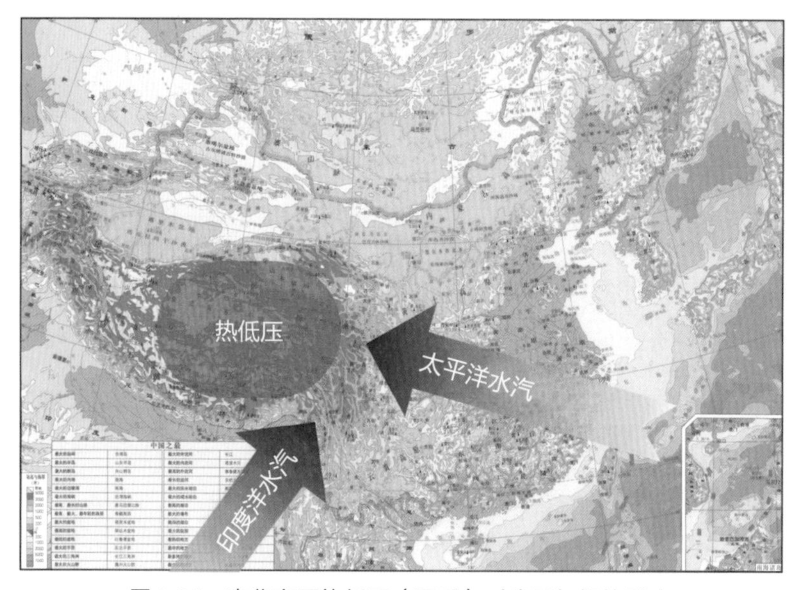

图 3-21　青藏高原热低压（夏季）对我国气候的影响

三、板块运动产生的影响

大小板块处在微小或剧烈的运动中，这会对地球表面的形态、资源、自然生态系统等产生不同的作用，既带来自然灾害，也能孕育地热资源。板块相碰撞的过程中，会发生地震，甚至会引起火山喷发。

1. 频发的地震

世界上的地震并不是均匀分布的，而是由于板块的分布和运动而相对集中在一些特定的地区，这种地震集中分布的地带称为地震带。地震带基本上分布在板块交界处，常与一定的地震构造相联系。世界上有三大地震带（如图 3-22）：

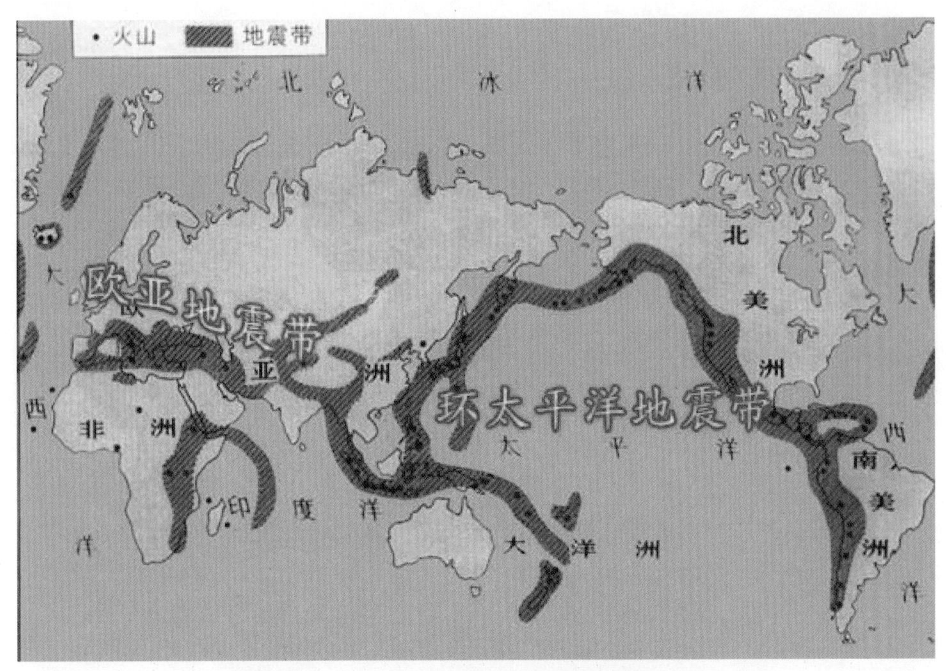

图 3-22　环太平洋地震带和欧亚地震带的分布

（1）环太平洋地震带：指的是太平洋的周边地区，包括南美洲的智利、秘鲁和北美洲的危地马拉、墨西哥、美国等国家的西海岸，阿留申群岛、千岛群岛、日本列岛，以及菲律宾、印度尼西亚和新西兰等国家和地区。环太平洋地震带的地震活动最强烈，全球约 80% 的地震发生在这里。

（2）欧亚地震带：又称地中海—喜马拉雅地震带，从欧洲的地中海北岸开始，沿着阿尔卑斯山脉延伸至喜马拉雅山脉，经过意大利的亚平宁半岛和

西西里岛、土耳其、伊朗、巴基斯坦、印度北部、我国青藏高原南部，并在印度东部与环太平洋地震带相连接。欧亚地震带跨欧、亚、非三大洲，全长2万多千米。全球约15%的地震发源于此。我国西部的四川、西藏、云南等地区的地震，主要是受欧亚地震带的影响。

（3）海岭地震带：分布在太平洋、大西洋、印度洋中的海岭地区。由于这里的地震对人类生产生活的影响较小，我们对其研究较少。

2. 火山喷发

火山喷发是地壳运动的一种表现形式。岩浆中含有大量水、二氧化碳、硫、氯等易挥发的物质，它们溶解在岩浆中而无法溢出。当板块运动使地壳内部活动时，岩浆上涌，在靠近地表时，压力减小，岩浆体积膨胀。当内压超过外压时，易挥发的气体伴随着岩浆被释放出来，便形成火山喷发（如图3-23）。壮观且威力巨大的火山喷发会给人类带来巨大的灾难，如淹没居住地、造成人员伤亡、污染空气等。2015年6月，印度尼西亚的锡纳朋火山持续喷发，上万名民众被迫撤离家园。

图3-23 火山喷发

当然，火山喷发曾经对地球大气的形成做出重要贡献。当今，如果农田能覆盖上火山灰，对农作物的生长会有促进作用。伴随火山喷发而形成的硫化物，如硫黄等，是重要的工业原料。印度尼西亚是世界上活火山分布较广泛的地区，有一些落后地区的居民就通过收集和售卖硫黄维持生计（如图3–24）。

图 3-24　印度尼西亚东爪哇的卡瓦伊真火山上采集硫黄的人

3. 丰富的地热资源

地热资源是源自地球内部的热能，一般集中分布在板块边缘。地热资源不仅可供发电、采暖，还是一种可供提取溴、碘、硼砂、钾盐、铵盐等工业原料的热卤水资源和天然肥水资源，同时还是宝贵的医疗热矿水和饮用矿泉水资源。除了大家耳熟能详的温泉（如图 3–25）外，我国北方的地热井在冬季供暖中也发挥着重要的作用。按照目前的技术水平，一口地热井每年可为我国节省近 3 000 吨煤，这大大减少了二氧化碳的排放，在经济、环保上取得了双赢。

图 3-25　天然温泉

1970 年，国际地热协会创办了世界地热大会，作为研究地热资源开发与利用的交流平台。目前，世界上很多国家逐渐重视地热资源的开发，越来越多国家积极参与世界地热大会。2023 年，世界地热大会将在中国北京举行。

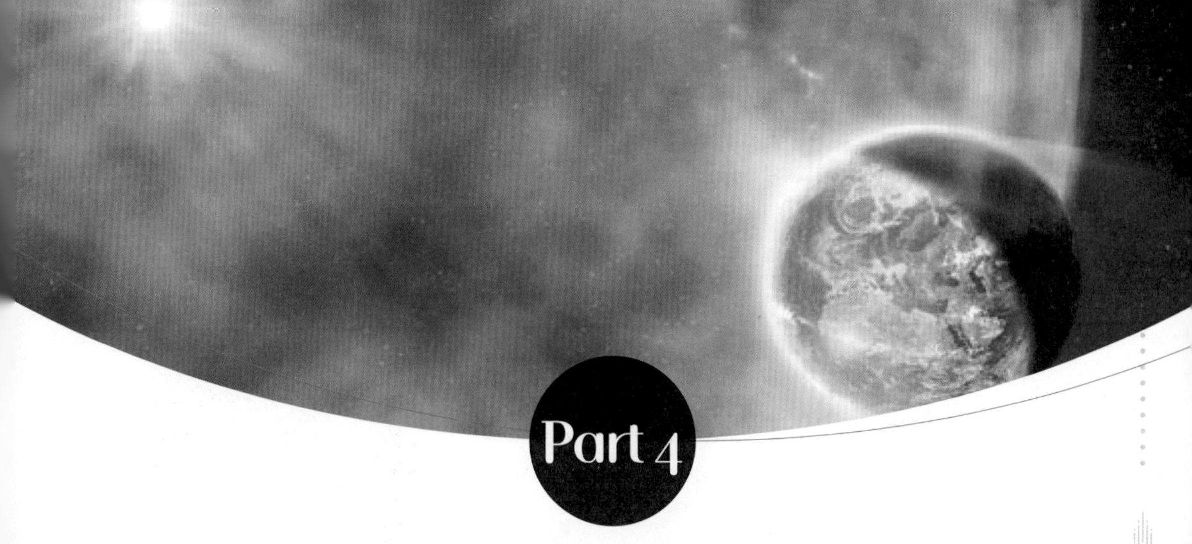

Part 4

地球生命的诞生与演化

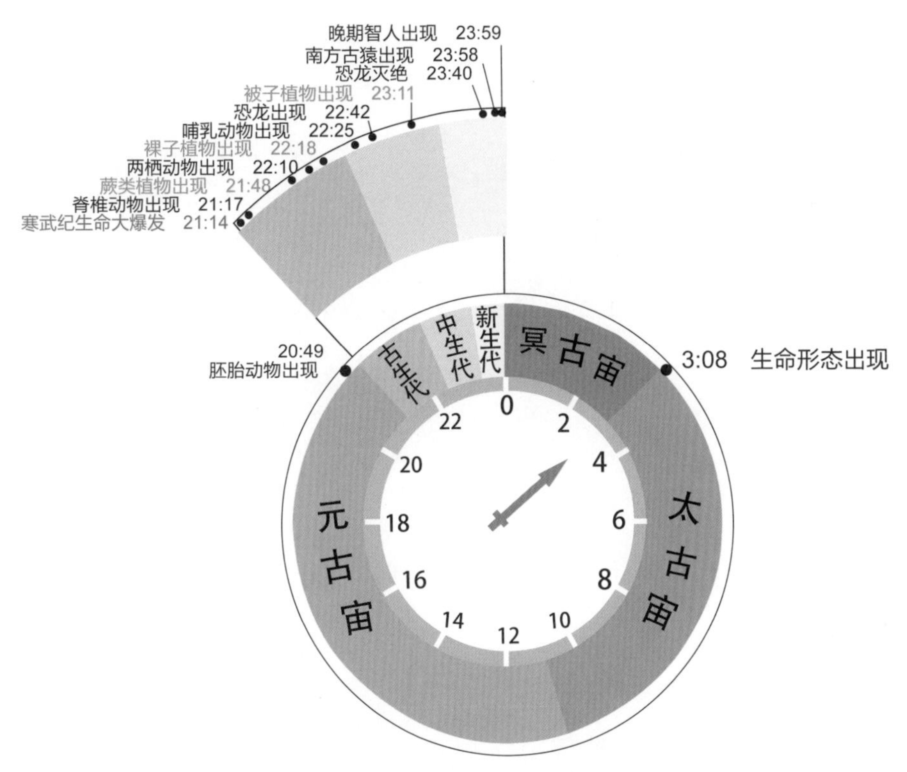

图 4-1 生命诞生和演化的时间

生命形态出现后，经历了极其漫长的时间，才迎来生命大爆发，最终演化出今天丰富多彩的地球生命(如图 4-1)。

一、生命起源的最早化石见证

1. 最古老的生命证据

地球上早期出现的植物是藻类、苔藓和地衣，它们不断生长，一层层地附着在岩石上，其生命活动引起矿物沉淀、胶结，形成叠层石。这些层状岩石结构，记录下了地球最古老的生命（如图 4-2）。

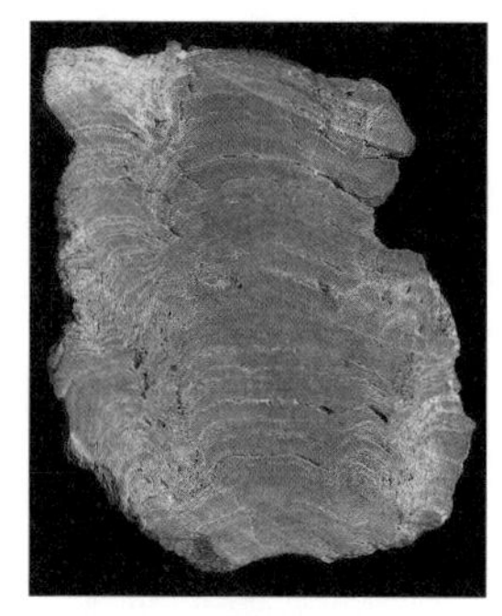
图 4-2　叠层石形态

2016 年，地质学家在格陵兰岛的变质岩中发现了 1~4 厘米高的叠层石（如图 4-3），它距今 37 亿年，这说明在地球诞生后 9 亿年，地球上便出现了生命踪迹。在 33.5 亿年前，以叠层石的形式记录生命形态达到巅峰。叠层石中蕴藏的生物信号也为科学家研究地球环境的演变提供了新视角。

图 4-3　格陵兰岛发现的叠层石

2017 年，《自然》杂志发表的一篇文章指出，由英国、美国和挪威等国的地质古生物学家组成的团队在加拿大魁北克地区的地壳带中发现了距今 42.8 亿 ~37.7 亿年的细菌化石。该化石形成于富含铁的深海热泉中，其赤铁矿结构与今天热泉喷口附近发现的铁氧化细菌有着相同的特征。这一发现将地球上最早出现生命形态的时间又往前移了。

2. 前寒武纪动物胚胎化石被发现

自地球诞生至距今 5.42 亿年前的漫长时期，经历了冥古宙、太古宙和元古宙，其后进入寒武纪。与寒武纪不同的是，之前这一漫长时期里地球上还没有出现门类众多的生物，这给“寒武纪生命大爆发”留下了许多疑问。

20 世纪 60 年代，古生物学家在澳大利亚中南部发现了几千块多细胞无脊椎动物化石，有水母体化石、蠕虫化石等，它们被称为埃迪卡拉动物群（如图 4-4）。国际地质科学联合会在 1974 年的大会上，一致认为这些化石生物存在于 5.65 亿 ~5.43 亿年前的前寒武纪，它们为生命演化历史打开了新篇章。

图 4-4　埃迪卡拉动物群化石

20 世纪 90 年代，我国的地质古生物学家在贵州发现了比埃迪卡拉动物群化石更古老的远古动物的卵、胚胎、幼虫和成体的化石，它们距今 6.1 亿 ~5.8 亿年，被称为瓮安动物群。在这个动物群中，出现了两侧对称的动物化石（如图 4-5），这是生命历史走向复杂生态系统、复杂体构和复杂行为的关键事件。瓮安动物群的发现，打开了前寒武纪后生生物研究的新大门，也在一步步揭开寒武纪生命大爆发之谜。

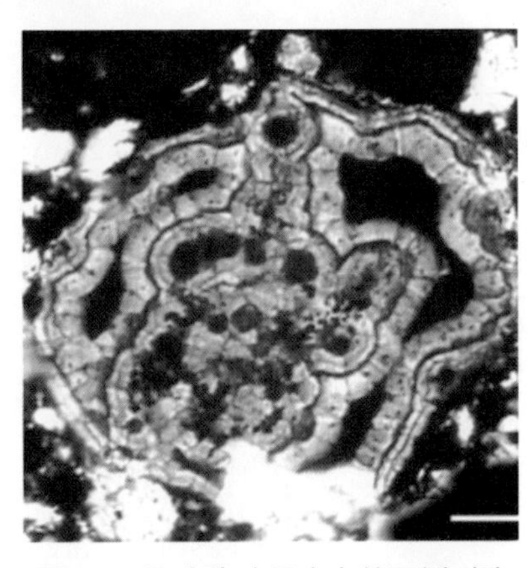

图 4-5　迄今为止最古老的两侧对称的动物化石

2019 年，科学家在瓮安动物群中找到

了 6.1 亿年前的胚胎化石——笼脊球（如图 4-6），它们保存了精美的多细胞结构，记录了动物从单细胞祖先向多细胞祖先演化的关键一步。

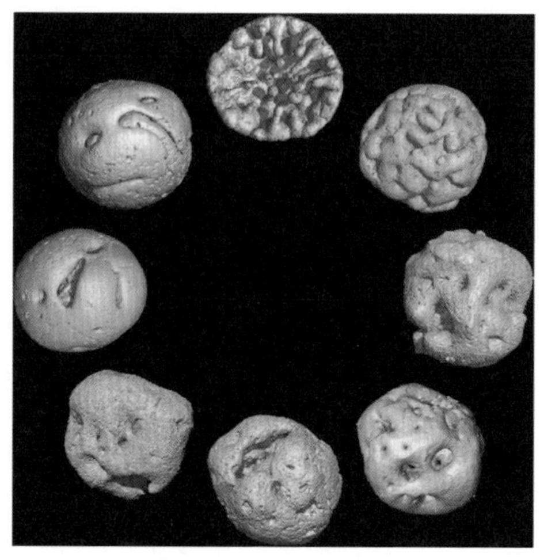

图 4-6　笼脊球化石

3. 多种生命起源理论

地球上生命的起点距今十分久远，地球面貌发生了巨大变化，人类通过寻找和解读蕴藏地球生命信息的岩石和化石，推演生命形成的环境与过程，提出了多种生命起源理论。

1953 年，米勒和他的导师尤里开展了一个实验，他们将水、甲烷、氨气、氢气与一氧化碳密封在无菌的玻璃管与烧瓶内，将液态水加热为水蒸气，模拟原始的大气环境。在模拟电闪雷鸣后，容器中出现了氨基酸等多种有机化合物（如图 4-7）。因此，有理论猜想，闪电启动了地球生命的火花，为无机分子合成有机物创造了条件。

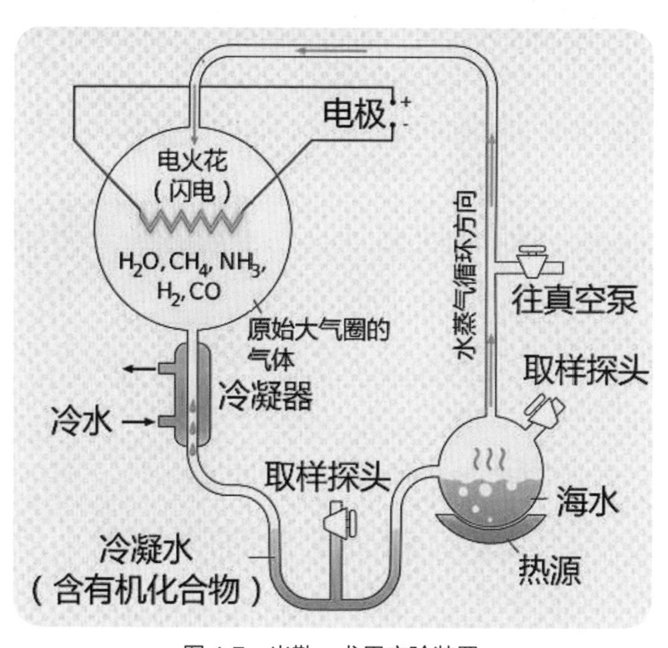

图 4-7　米勒－尤里实验装置

爱尔兰科学家伯纳尔和英国有机化学家凯恩斯·史密斯认为最初的生命分子可能在黏土矿物中聚集，黏土中的矿物晶体将有机分子排列成有组织的结构，拼凑出了最早的遗传物质，使有机物开始进化、繁衍(如图4-8)。

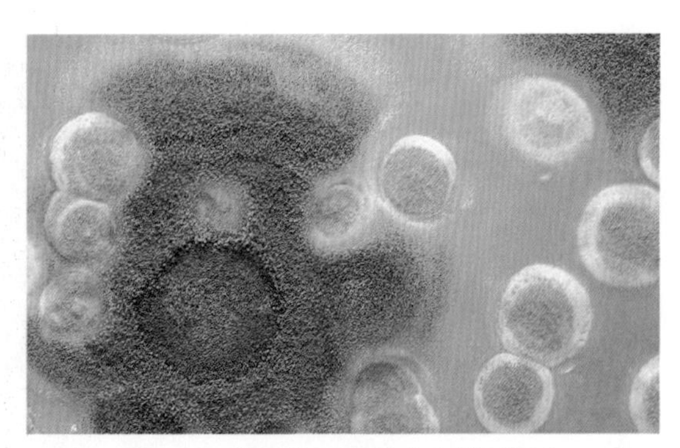

图4-8　有机分子在黏土中排列组合

由于地球形成早期是一个高温的、具有还原性的环境，所以有学者认为，早期生命存在于矿物质丰富的高温水域环境里，比如温度较高的热液喷泉(如图4-9)，生物可以借助藏在矿物质中的氧生存繁衍。2017年在加拿大发现的最古老的微生物化石是存在于深海热泉环境中的，这一发现为“地热说”提供了支持。

图4-9　海底热液喷泉

然而，也有科学家提出了截然相反的理论，他们认为最初的生命可能起源于一个类似于冰河世纪的寒冷环境中。研究表明，地球历史上曾三次完全被冰层覆盖，一次发生在约23亿年前，另外两次发生在7亿~6亿年前，这三次冰冻事件使地表被厚厚的冰层覆盖，这便是“雪球地球”事件（如图4-10）。在雪球时代，地表冰层反射了大量太阳辐射，使水下有机物免受紫外线的破坏，为生命繁衍创造了良好环境。英国生物学家发现RNA在低于0℃的温度下比较稳定，而且可以实现复制，形成蛋白质和DNA，这给“冰源说”提供了支持。

图4-10　雪球地球

当然，也有理论猜想，地球生命不是从地球上开始的，而是来自太空天体，比如彗星撞击时携带生命来到地球，这种理论被称为“外源胚种说”。有科学家认为，在南极发现的火星陨石艾伦－希尔斯84001能证明地外生命曾造访地球（如图4-11）。

图4-11　火星陨石艾伦－希尔斯84001

2009 年 11 月 30 日，美国国家航空航天局（NASA）发布消息称，利用高分辨率电子显微镜对火星陨石艾伦－希尔斯 84001 做出的最新分析显示，这块陨石的晶体结构中大约 25% 是由细菌形成的（如图 4-12）。这一最新结论提供了迄今为止火星曾存在生命的最有力证据。“来自火星的生命痕迹”又一次引起了全世界的关注。

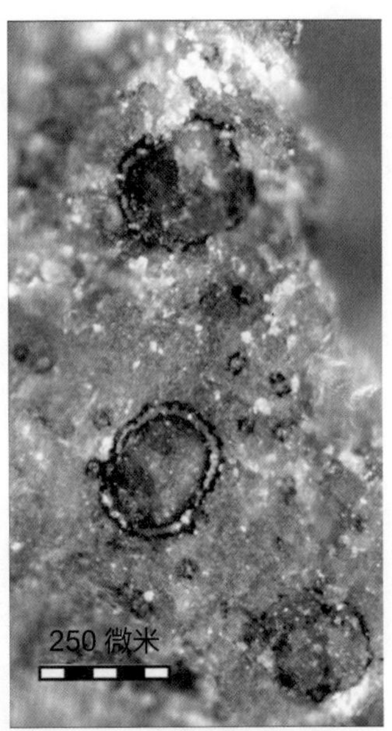

图 4-12 火星陨石艾伦 - 希尔斯 84001 中发现的碳酸盐小球

二、寒武纪生命大爆发

寒武纪开始后不久（距今约 5.3 亿年前），在不到 2 000 万年的时间内（和地球 46 亿年的演化历史相比，2 000 万年是相对较短的时间），地球上的物种种类突然丰富起来，例如绝大多数无脊椎动物（如节肢动物、软体动物、腕足动物和环节动物等）数量呈爆炸式增加，这一生物演化事件被称为“寒武纪生命大爆发”。典型的古生物化石证据有澄江生物群、布尔吉斯生物群和凯里生物群，这些化石证据为我们了解这一神秘的演化事件提供了宝贵的第一手资料。

1. 三叶虫统治的海洋世界

寒武纪时期，地球上各古大陆孤立地分布在低纬度地区（如图 4-13）。随着全球气候变暖，海平面上升，除了北美古大陆东北部和冈瓦纳古大陆中部以外，其他古大陆都被海水淹没，形成广阔的浅海环境。

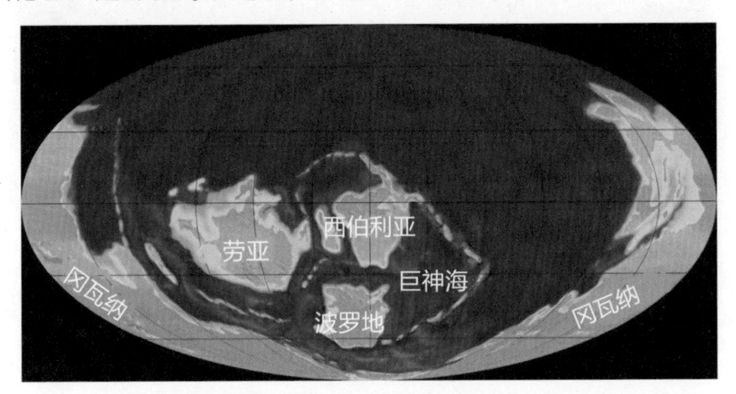

图 4-13 寒武纪的大陆分布（大约 5.4 亿年前）

寒武纪的海洋生物以无脊椎动物和藻类为主，无脊椎动物包括节肢动物、棘皮动物、软体动物、腕足动物、笔石动物等，重要代表有云南澄江生物群的华夏鳗、云南鱼、海口鱼等和加拿大布尔吉斯生物群的皮开虫。寒武纪初期出现了腹足类、单板类、喙壳类和分类未定的个体微小、低等的软体动物。

这一时期，三叶虫横空出世，因为没有遇到有力的竞争对手，同时其他动物又为它提供了丰富的食物，三叶虫在很短的时间内迅速占领地盘，成为寒武纪海洋王国的霸主，使寒武纪成为“三叶虫时代”。三叶虫全身明显分为头、胸、尾三部分，背甲坚硬，被两条背沟纵向分为大致相等的三片——一片轴叶和两片肋叶，因此名为三叶虫（如图 4-14）。

三叶虫在 5 亿 ~4.3 亿年前数量达到高峰，至 2.4 亿年前的二叠纪灭绝，前后在地球上生存了 3 亿多年。在漫长的时间长河中，它们演化出繁多的种类，有的长达 70 厘米，有的只有 2 毫米。

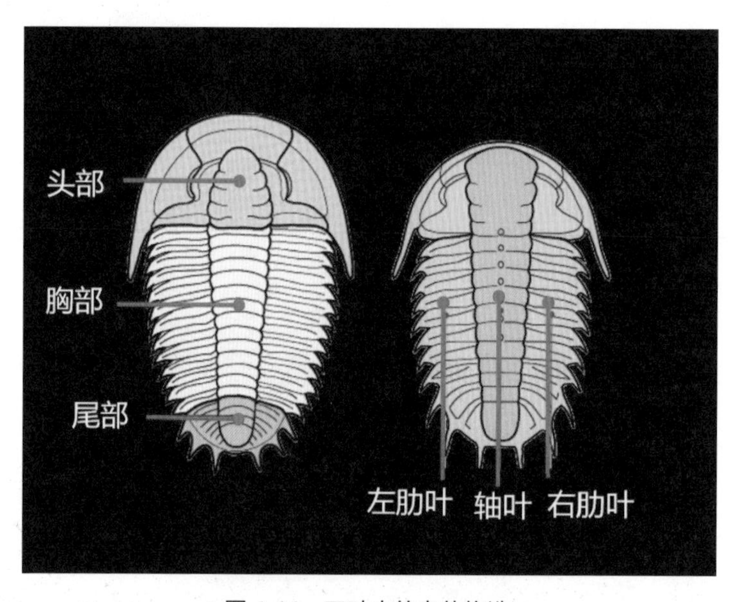

图 4-14　三叶虫的身体构造

三叶虫的生活方式有漂浮在海水表层的，有游泳于不同深度的海水中的，也有底栖爬行于海底的。由于生活方式多样，所以在不同深度的海水和各种海域中都有它的踪迹。在我国，它们分布在从黑龙江的大兴安岭到海南岛、从新疆的帕米尔高原和西藏的珠穆朗玛峰到江浙沿海的广大地区，除台湾外，各省份都有三叶虫化石发现（如图 4-15）。它是我国各类化石中种类非常多的一种。同时，我国也是世界上产三叶虫化石最多的国家之一。

形态各异的三叶虫的生活习性也是多种多样的。它们大多生活在浅海底部，过着爬行或半游泳生活。如多角虫，它的肋刺和尾刺都很发达，这使它不至于陷入淤泥之中，它还长着柄状眼，这样的眼睛不仅可以防止淤泥影响视觉，而且可以尽可能地开拓视野。

图 4-15 三叶虫化石

2. 丰富的物种

寒武纪时期，几乎所有的动物门类都相继出现了，其种类和数量之多，令人叹为观止。当时不仅有大量的海绵动物、刺胞动物、腕足动物、软体动物和节肢动物等基础动物和原口动物，更有棘皮动物、古虫动物、半索动物和脊索动物这些后口动物，还有很多鲜为人知的珍稀动物及形形色色的难以归入已知门类的动物，由此建立起完整的地球生命参天大树（如图 4-16）。

图 4-16 寒武纪生态复原

我国古生物学家侯先光于 1984 年 7 月在云南发现了澄江生物群。在发现地挖掘到的许多精美化石，已知有 16 个门类共 120 余种古生物，如三叶虫、抚仙湖虫、奇虾等（如图 4-17）。除了动物的硬体部分被完整地保存下来外，一些精美的动物软体组织也保存得很完整，如眼睛、表皮、神经、消化道等，这为研究寒武纪早期的生命大爆发及生物的解剖构造、功能形态、生活习性等提供了重要的实物依据。

图 4-17　澄江生物群

其中，奇虾是已知最庞大的寒武纪动物。它拥有一对乒乓球大小的眼睛、一双布满刺的大螯、一个巨大的尾扇和一张形如碗口的利牙大嘴，是当时海洋食物链的顶端捕食者。抚仙湖虫是寒武纪早期的节肢动物（如图 4-18），拥有细长的身体、许多类似的体节和附肢，目前只在澄江生物群中有发现。

图 4-18　抚仙湖虫化石

三、大演化与大灭绝

达尔文进化论认为，生物进化是物竞天择、优胜劣汰的“渐变”过程，这一过程十分漫长，从单细胞到多细胞，从低级到高级，不存在“剧变”。我国的澄江生物群却对达尔文进化论提出了挑战，它证明在 5.4 亿 ~5.3 亿年前的约 1 000 万年的“极短”时间内，地球突然出现了多门类、多细胞的后生动物，从而验证了“寒武纪生命大爆发”的存在，证明生命的演化既有漫长的“渐变”过程，又有多次“剧变”。

1. 地球的五次生物大灭绝与演化

生物大灭绝是指在极短暂的时间内，大多数的生物（通常是指超过 70% 的物种）消失。从古生代到新生代，地球共经历了 5 次生物大灭绝事件（见表 4-1）。每一次大灭绝后，生命又进行新一轮的繁衍与进化（如图 4-19）。

表 4-1　5 次生物大灭绝事件

大灭绝事件	时间	生物灭绝率
奥陶纪晚期生物大灭绝	4.4 亿年前	85%
泥盆纪晚期生物大灭绝	3.65 亿年前	70%
二叠纪晚期生物大灭绝	2.5 亿年前	96%
三叠纪晚期生物大灭绝	2 亿年前	76%
白垩纪晚期生物大灭绝	6 500 万年前	70%

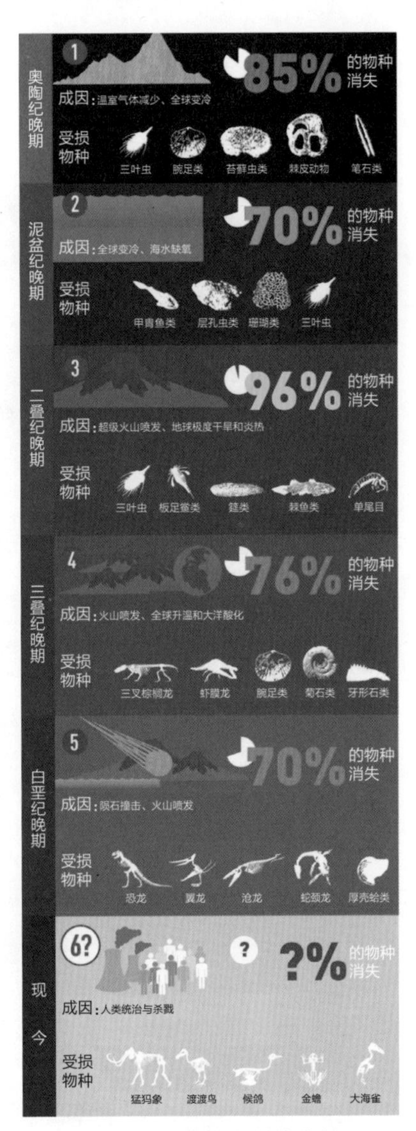

图 4-19　生物大灭绝事件

2. 奥陶纪晚期生物大灭绝与演化

大概在 4.76 亿年前，大陆开始“变绿”——地衣和早期的苔藓植物登陆，海洋中则无脊椎动物十分繁盛。除从寒武纪开始繁盛的类群以外，其他一些类群也得到进一步的发展，包括笔石、珊瑚、腕足动物、海百合、苔藓虫和软体动物等(如图 4–20)。

奥陶纪早期，地球温暖潮湿，海平面比现在高出上百米，巨大的古大洋淹没了北半球的大部分地区，这被称为陆缘海。在那个时期，北美古大陆大部分被海水淹没，氧气含量稀薄，呼吸很困难。海底暗礁为海底生物提供了庇护所。星甲鱼是脊椎动物的始祖，它以海水里的浮渣和微生物为食，个头小得可怜，常常被其他动物猎杀。那个时候统治海洋的是一种叫平壳鹦鹉螺的生物，它是纯粹的食肉动物，长达 4 米。

图 4-20 奥陶纪生物

然而，仅仅过了 0.3 亿年左右，生物多样性便发生了戏剧性的下滑。约三分之一的腕足动物和苔藓虫灭绝，牙形类、三叶虫和笔石类等几乎所有门类都受到影响，生物多样性锐减。研究发现，在大约 4.45 亿年前的奥陶纪晚期，地球进入一次短暂但比较强烈的冰川期，全球海水温度在 50 万年间下降了大约 5℃，位于南极的冈瓦纳大陆几乎全部被冰雪覆盖，海平面迅速下降，适宜海洋生物生存的水域大大减少，栖息地的锐减导致大量生物灭绝，低温也使得原本适宜于暖水环境的生物被一些适宜于冷水环境的生物替代，但这只是灭绝的第一阶段。大约 4.43 亿年前，气温快速回升，冰川融化，海平面迅速上升，海洋深处的缺氧海水占领了原先的浅水区域，导致了又一次生物灭绝，这是灭绝的第二阶段。

此外，科学家在瑞典奥陶纪中期（大约4.7亿年前）的地层中发现了大量球状陨石颗粒，而这个时期，生物多样性却呈现大量增长。科学家认为众多小行星的撞击和解体产生了这些陨石颗粒，频繁的撞击动摇了生物群落的稳定性，使得一些物种代替了原先主导地位稳定的物种。并且，由此引起的竞争和组合产生了新的物种。尽管撞击事件通常与生命的毁灭与消失联系起来，但在这次事件中，众多小行星的撞击和大量陨石雨却促进了生物多样性的发展。当时气候温和，浅海广布，世界许多地方（包括中国大部分地方）都被浅海海水掩盖，这为海洋生物提供了良好的生活环境。

还有一种说法认为这次灭绝是因为地球附近的超新星爆发产生的γ射线暴正好击中了地球。γ射线是一种电磁辐射，几个小时就能穿越整个太阳系。对于地球上的生物来说，γ射线暴的袭击没有任何征兆。γ射线暴发生后，饥饿和辐射让生物陷入死亡的危机。这种死亡的危机从低到高顺着食物链蔓延（如图4-21）。被破坏的大气分子停留在空气中，形成可怕的毒气。原子重新组合为二氧化氮，所谓的毒气今天被称为烟雾，它挡住了阳光，使地球温度骤降，原本稳定的气候变得不可预测。

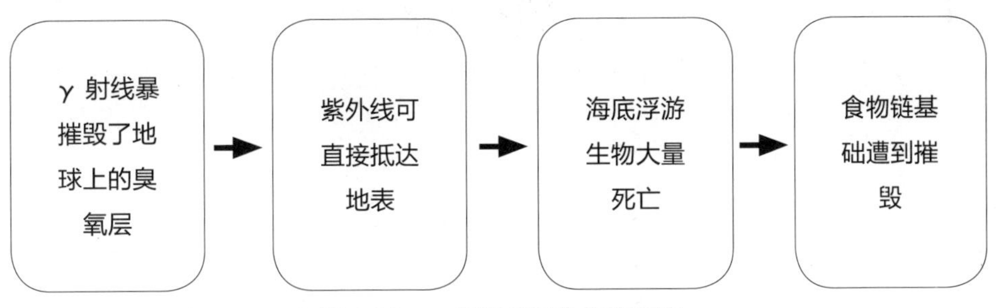

图4-21　γ射线暴对生物的影响

大灾变后地球变得沉寂和荒芜，但事实上，情况可能没有那么糟糕。在海洋深处仍有丰富的、多门类的、多种生态的生物繁衍生息，甚至还生机勃勃。2017年，科学家在浙江安吉发现了奥陶纪晚期的特异埋藏化石群——安吉动物群（如图4-22），该动物群大部分为海绵动物，还有一部分节肢动物（鲎类）、棘皮动物，以及死后沉落海底并一起埋藏的笔石、腹足类和鹦鹉螺等浮游、游泳生物。一些海绵动物也许是劫后余生，更可能是并未遭受大灭绝事件的影响。在其他时期的生物大灭绝事件（如二叠纪晚期生物大灭绝）后的残存期也同样出现丰富的海绵化石，这告诉我们在大灭绝事件对海洋的破坏中，海绵动物受到的影响较小，它们可以在劫难后的海底快速发展，稳稳“扎根”在海底，扮演“生态系统工程师”的角色，帮助固定海底表面的沉积物，为其他生物提供庇护，从而为其他滤食生物的快速复苏创造了有利条件。

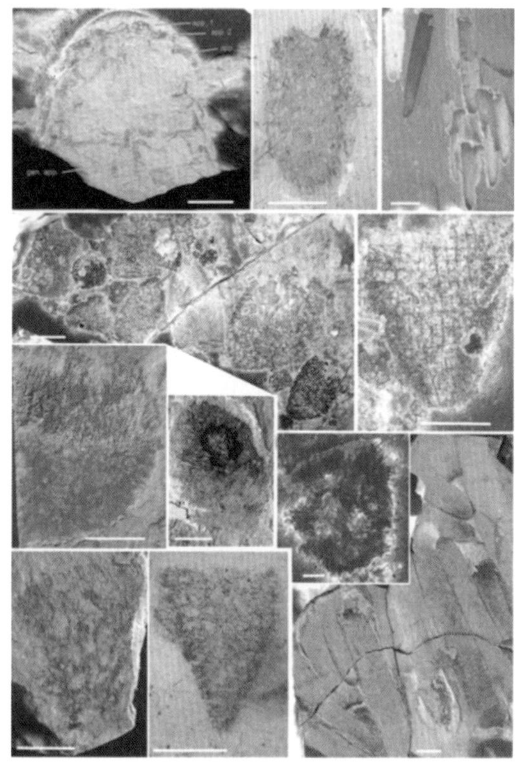

图 4-22　奥陶纪晚期的安吉动物群（大约 4.4 亿年前）化石标本

3. 泥盆纪晚期生物大灭绝与演化

时间很快就来到了泥盆纪，泥盆纪又被称为“鱼的时代”。这个时期，海平面相对较高，海洋生物以苔藓虫、腕足动物以及珊瑚虫为主。海百合与三叶虫也广泛分布。

这时海洋中的生物刚刚从上次大灭绝的阵痛中走出来，不幸又一次降临。导致这次大灭绝的凶手来自地球内部——超级地幔柱喷发（如图 4-23）。

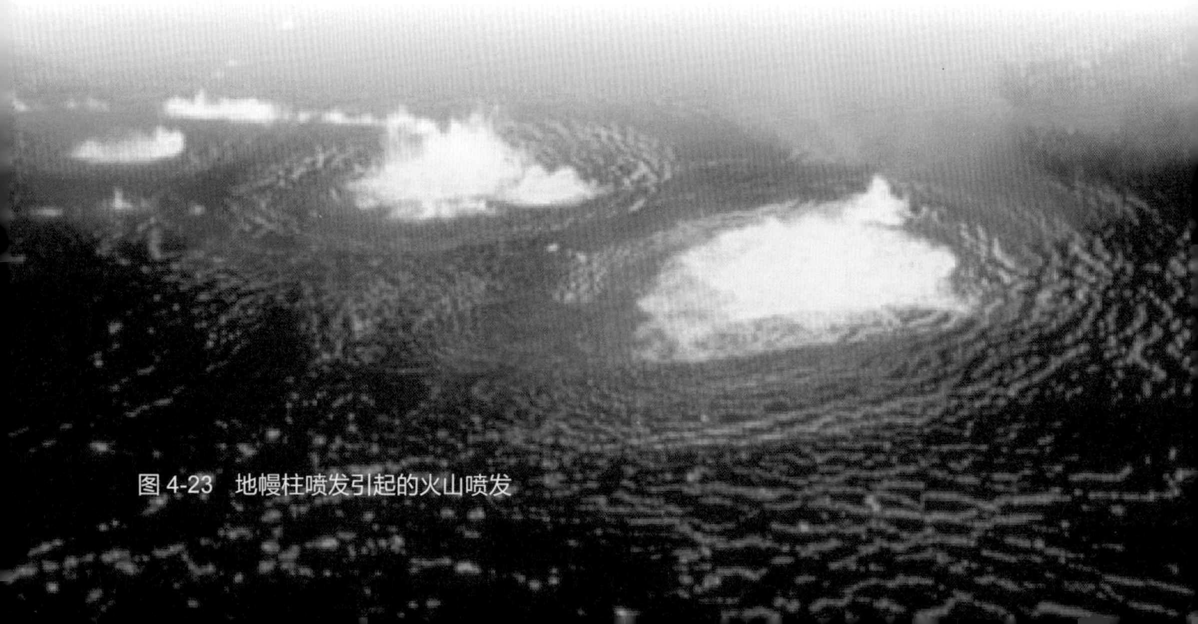

图 4-23　地幔柱喷发引起的火山喷发

这次灾难的罪魁祸首是岩浆。3 000亿立方米的岩浆由于不明原因从西伯利亚地区喷涌而出。喷发地附近的海洋生物当即被烫死，岩浆中的有毒物质（例如硫化氢）与海水发生化学反应，使海水发生酸化，大量动物因无法呼吸而死亡。海水中的污染物扩散到大气中，其中大部分是温室气体——二氧化碳。这导致全球气温迅速升高，陆地植物因此更加繁茂，植物的枯枝落叶制造出大量土壤，土壤流入海中，滋生了大量藻类，它们漂浮在海面，加速了海洋生物的窒息。这一场大灭绝造成全球 70% 的物种消失。

海洋生物在上一次大灭绝后已经发展到脊椎动物——鱼类。鱼类已经进化出身长 11 米、体重超过 4 吨、咬合力有 5 吨的可怕怪物——邓氏鱼（如图 4-24）。不幸的是，邓氏鱼也在这次灾难中灭绝。

图 4-24　邓氏鱼

泥盆纪之后，就到了植物繁盛、森林遍布、温暖潮湿的石炭纪（距今 3.55 亿 ~2.9 亿年）。“石炭纪”这个名字，来源于这个时期兴盛的蕨类植物，它们死后形成了地层中的煤炭（目前 50% 的煤炭来自石炭纪）。此后，一些鱼类为了生存下去，鼓足勇气开始了伟大的探险历程——踏上陆地。最早的两栖动物出现了。

4. 二叠纪晚期生物大灭绝与演化

在 2.5 亿年前的二叠纪至三叠纪的过渡时期，地球上发生了迄今已知最大规模的物种灭绝事件，全球总共约 57% 的科、约 83% 的属、约 96% 的海洋生

物物种与约 70% 的陆地生物物种灭绝了。

这次灭绝事件又是如何发生的呢？美国麻省理工学院和中国科学院南京地质古生物研究所的科学家研究后发现，这次生物大灭绝事件只经历了短短 6 万年的时间，这对于整个地球史而言仅仅是“眨眼之间”。这个事件又称西伯利亚洪流玄武岩事件。

火山喷发倾泻出的岩浆覆盖了辽阔的地域，它们凝固后形成的玄武岩构造被称为大火成岩省。它们是历史上大大小小的地幔柱事件在地球肌体上留下的血痂（如图 4-25）。这也佐证了大灭绝是由西伯利亚大火成岩省火山强烈活动释放的大量气体和火山灰所造成的环境变化引起的这一观点。

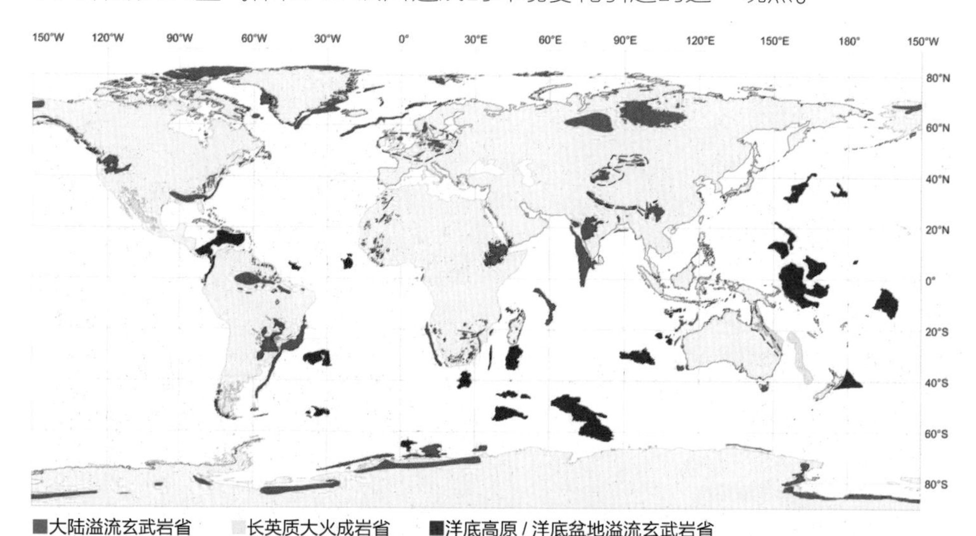

图 4-25　遍布全球的大火成岩省

越来越多的科学研究表明此次事件是一次全球性的突发性灾难事件。科学家研究后发现，我国浙江省长兴县煤山的一段地层剖面清晰地反映了当时动物灭绝的过程：在地层剖面中，越往地层的上方，四射珊瑚、三叶虫等生物越稀少，它们随着时间的推移绝迹了。由于具有相对稳定的化学（或生物化学）性质，黑炭可以长期保存在土壤、湖泊和海相沉积物以及冰层中。黑炭已经成为地质历史时期大火的指标，科学家于是就可以采用碳同位素分析等方法确定这些事件发生的具体时间。

地质学家目前分出了两个大的火山喷发阶段：第一个阶段是 2.58 亿年前的峨眉山火山喷发，第二个阶段是 2.52 亿年前的西伯利亚火山喷发。这两个阶段相隔近 600 万年，每一个阶段均持续了约 100 万年。有研究者认为二叠纪晚期生物大灭绝和这两次强烈的火山喷发有很大的关系，它们影响了当时的环境变化。

二叠纪晚期生物大灭绝事件之后，海百合类数量明显减少（如图 4-26）。这次地球历史上规模最大的物种灭绝事件的出现标志着二叠纪的结束，地球从古生代进入了中生代。

图 4-26 海百合化石

5. 三叠纪晚期生物大灭绝与演化

根据二叠纪晚期到三叠纪陆生植物多样性的统计，历经二叠纪晚期生物大灭绝，地球的生命似乎并没有出现低谷和断层。石松类的衰减被真蕨类和裸子植物的发展填补，这就好像只是普通的演替，这在二叠纪晚期的一片哀鸿中显得非常特别。

进入中生代三叠纪时，地球上大多数的古大陆形成一块巨大的盘古大陆。物竞天择，适者生存。大灭绝中的强壮幸存者、运气好的生物入海上天，继续存活并发展。如爬行类的祖先向海洋演化就出现了鱼龙（如图 4-27），飞上天空就成了翼手龙（如图 4-28）。大家最为熟悉的恐龙就是这个时期的主宰。这个时期还有另一个故事，这就是植物开花了，昆虫传播花粉，使植物世界更加繁盛，色彩缤纷。

图 4-27 鱼龙化石

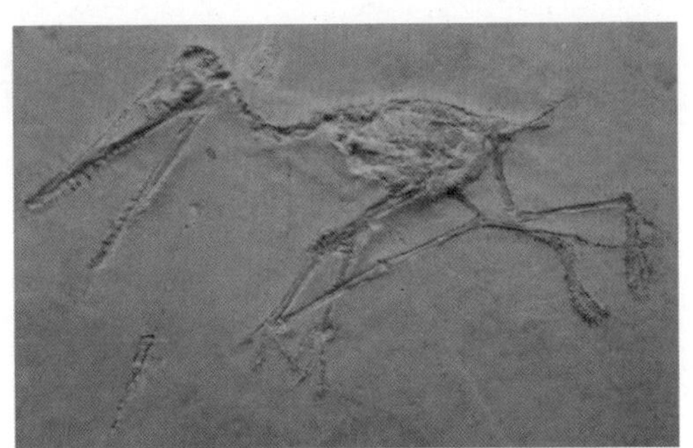

图 4-28 翼手龙化石

2.01 亿年前，三叠纪至侏罗纪的过渡时期，地球上发生了第 4 次生物大灭绝事件，这次灭绝事件的影响遍及陆地与海洋。在海洋中，23％的科、47％的属、75％的物种消失了。一些陆生动植物遭受冲击，最后的“似哺乳类爬行动物”也遭遇灭绝。除了鳄形目和翼龙目等外，许多大型爬行动物都灭绝了。

但是，这次灭绝事件对生物多样性造成的影响并不是毁灭性的，它并没有影响到像恐龙这样有代表性的种群。也正是这次灭绝事件，给恐龙的发展提供了巨大的机会，使得恐龙在此后的侏罗纪成为地球上的霸主（如图4-29）。

图 4-29　三叠纪生物

关于这次灭绝事件的起因，最常见的观点是陨石撞击地球所致。法国有个罗什舒阿尔陨石坑，地质年代大约是 2.01 亿年前，这个被侵蚀过的陨石坑直径约 25 千米，原始直径可能约 50 千米。有科学家认为它与三叠纪晚期生物大灭绝有关，但是也有专家认为这样的体积不足以造成大规模的生物灭绝。

2013 年，科学家在日本岐阜县坂祝町的河岸和大分县津久见市的海岸附近发现了浓度很高的金属锇，这种金属在地表上非常罕见，但在陨星内则含量丰富。后经同位素分析证实，新发现的锇与地表本来存在的锇不同，其来源是陨星。科学家认为这是一颗直径 3.3~7.8 千米的陨星撞击地球所致，此次撞击导致了三叠纪晚期的生物大灭绝。

此外，还有一种观点认为，这一事件像二叠纪晚期的大灭绝事件一样，恰好与大规模陆地洪流玄武岩的喷发（2.05 亿 ~1.91 亿年前）、大西洋大火成岩省的形成同时发生，喷出的熔岩覆盖了大约 1 100 万平方千米的区域，包括现在的欧洲、非洲和南北美洲的一部分，它被认为是显生宙以来最大的火山喷发事件之一。火山喷发导致大量二氧化碳和二氧化硫等气体释放，造成地表温度变化和海洋酸化，进而导致生物大量灭绝。

6. 白垩纪晚期生物大灭绝与演化

在最后一次大灭绝事件——白垩纪晚期生物大灭绝中，陆地的大型爬行动物都灭绝了，其中最著名的是非鸟形恐龙的灭绝。其他陆地生物也被大量摧毁，包括某些哺乳动物、翼龙、鸟类、蜥蜴、昆虫和植物。在海洋中，蛇颈龙和巨大的沧龙死亡，鱼类、软体动物（尤其是菊石）和许多种类的浮游生物也灭绝了。

物种灭绝给生命提供了进化的机会。学术界普遍认为上述动物的灭绝为小型哺乳动物的进化腾出了空间。许多物种经历了显著的适应性辐射（指某一类群向着各种不同的方向发展，以适应各种不同的生活条件），体型增大，变得更加多样。

1980 年，美国科学家阿尔瓦雷兹父子在 6 500 万年前的地层中发现了高浓度的铱（如图 4-30），其含量超过正常含量几十倍甚至数百倍，这样高浓度的铱在陨石中可以找到。

图 4-30 位于美国科罗拉多州的 25 号州际公路附近的地层（红箭头处为白垩纪－古近纪界线）

科学家把它与恐龙的灭绝联系起来，并且根据铱的含量推算出撞击物体是直径大约 10 千米的一颗小行星，由此提出了陨石撞击说：6 500 万年前，在今

墨西哥尤卡坦半岛的希克苏鲁伯地区，一颗直径 10 千米左右的小行星打破了地球的宁静，几乎就在一瞬间，一个直径 100 千米、深度达 30 千米的巨“碗”出现在地表。撞击产生的冲击波所向披靡（如图 4-31），荡平了遇到的一切森林、山脉、河流……当然也包括生活在这片土地上的生命。大量灰尘进入大气层，遮蔽阳光达数年，气温急剧下降，无数动植物死亡。除了鸟形恐龙外，其他恐龙都在极短的时间内灭绝了，它们“拱爪”让出了统治地球 1.6 亿年的霸主地位。

图 4-31　一颗直径大约 10 千米的小行星撞击在墨西哥尤卡坦半岛

这次大灭绝延续了 300 万年，恐龙从此退出历史舞台。科学家研究认为，今天的鸟类也是在此时从一类能在树间滑行并飞上天空的有羽毛恐龙演化而来的。每一次地球大灾难，都是地球生态的一次转折。第五次大灭绝后，地球生物进化的进程发生转折，哺乳动物的春天来临，人类的祖先就在这些哺乳动物的行列中。

从 1500 年至今，已有超过 320 个陆栖脊椎动物物种灭绝。剩余物种也表现出平均 25% 的衰退。我们现在是否处在一次大规模灭绝过程之中呢？这一过程是否最终将导致地球上数以百万计的动植物物种，包括人类的消亡呢？科学家呼吁：我们要时刻警惕，第六次生物大灭绝或将来临。

四、人类的诞生

1. 人类的起源

孩提时，我们常常会问妈妈：“我是从哪里来的呢？”妈妈往往会开玩笑地说：“从垃圾桶里捡来的呀！”长大后，我们知道自己是父母生的，父母又是祖父母（外祖父母）生的。这就产生了一个问题：人类的祖先，又是谁生的呢？这个问题，同样困扰着我们的祖先。但以往的科学研究没有现在发达，于是这些疑惑和追问就慢慢引起了人类的想象。人们对于世界起源的想象，最初基本都是归于石破天惊的神灵，神灵使秩序得以建立、物质变得丰富。在东方的中国，人们传说女娲“捏造”了最早的人类（如图 4-32）；在西方，人们流传着上帝造人的说法（如图 4-33）。这些想象就是所谓的“神创论”。但这些想象毕竟只是空想，缺少符合逻辑的科学证据，无法证明人类的起源。

图 4-32　女娲造人

图 4-33　上帝造人

人类虽为自然界中最高等的生物，是万物之灵，但人类在生物界中的地位长期没有被深入探究。直到 18 世纪，瑞典生物学家卡尔·冯·林奈（如图 4-34）在进行动物分类时，才把人和猿、猴归为一类，称为灵长目。

图 4-34　卡尔·冯·林奈

图 4-35　拉马克

1809 年，法国生物学家拉马克（如图 4-35）在其名著《动物学哲学》中，提出了第一个进化学说——拉马克学说，该学说阐述了生物是从低级向高级发展进化的观点。

到了 19 世纪中叶，英国生物学家达尔文的著作《物种起源》横空出世（如图 4-36），在人类历史上首次勾画出生物由简单到复杂和由低级到高级、种类由少到多的基础进化模式，创造了以自然选择学说为核心的达尔文主义，为进化论奠定了基础。

图 4-36　达尔文与《物种起源》

该书出版发行后在当时的社会中引起轩然大波，遭到教会的猛烈攻击，达尔文也一度成为人们讥讽的对象。

尽管如此，同为英国著名生物学家的托马斯·亨利·赫胥黎则坚定支持这一观点，并于 1863 年在《人类在自然界中的位置》一书中提出了“人猿同祖论”，即人类和猿类是由同一祖先分化而来的。

到了 1871 年，达尔文又发表了《人类的由来及性选择》，指出人类也是进化的产物，是通过遗传、变异和自然选择从森林古猿进化而来的（如图 4-37）。在达尔文之后，其他学者从不同角度、不同方面充实和发展了达尔文进化论，扩展了进化论的范围，提出了重构进化论的历史任务，产生了现代综合进化论。迄今为止，主流学界认为人类和其他动物都是进化而来的。

图 4-37　达尔文认为人是从森林古猿进化而来的

2. 人类的进化

基于目前的考古证据和理论成果，科学家认为人类的进化始于灵长类的森林古猿。灵长类的演化史，最远可追溯到 6 500 万年前，灵长类的祖先是在当时的物种（如恐龙）灭绝大灾难中幸存下来的胎盘哺乳动物中最古老的一群（如图 4-38）。

图 4-38 更猴——已知最早的似灵长目哺乳动物的一属

到了 5 000 多万年前，灵长类动物从低等灵长类动物原猴类中分化出了高等灵长类动物（即猿猴类，如狒狒）。在 3 300 万 ~2 400 万年前，在旧世界猴（狭鼻次目）中产生了猿。到了约 1 000 万年前至约 390（或 200）万年前，有两种过渡时期的代表，它们是腊玛古猿和南方古猿。目前发现，南方古猿最早出现在 390 万年前（如图 4-39、图 4-40），南方古猿之后就是最早的人属。

图 4-39 360 万年前的阿法南方古猿的骨骼重组

图 4-40 阿法南方古猿的脸部重建

南方古猿被认为是从猿到人类转变的第一步。大约在 250 万年前，环境发生变化，很多南方古猿因为无法适应环境而灭亡了，只有少数的粗壮型南方古猿以及南方古猿的能人种走出了森林而得以生存下来，它们还学会了直立行走，前肢得到解放，学会了使用工具。历经南方古猿→能人（如图 4-41）→直立人（如图 4-42）→智人（分为早期智人和晚期智人）这几个进化阶段，人类的进化脉络渐渐清晰（如图 4-43）。晚期智人是新人类，他们在出现后的几万年间形成了各个地区、各个族群不同特色的文化，渐渐地向现代人靠近。

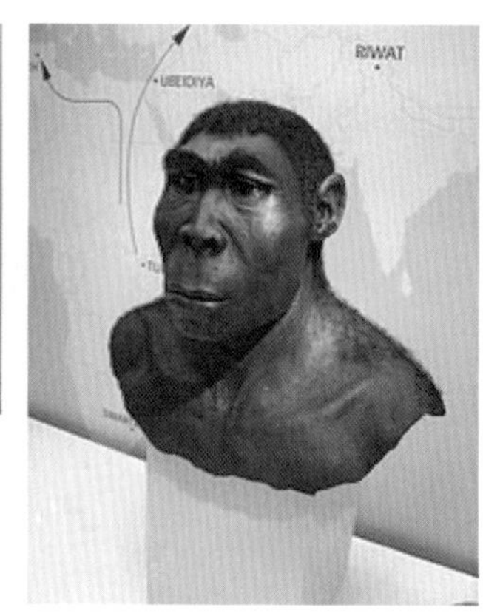

图 4-41　250 万年前的能人　图 4-42　180 万年前的直立人

图 4-43　人类进化的阶段

3. 人类的迁徙

对于“我们从哪里来”这个问题，目前科学界主要有两种理论：一种是“单地起源说”，这种理论认为现代人是某一地区的早期智人“侵入”世界其他地区而形成的，其中最主流的说法是非洲单源说；另一种是“多地起源说”，也叫“本土起源说”，这种理论认为亚、非、欧各洲的现代人都是由当地的早期智人以至猿人演化而来的。

1987 年，来自美国加利福尼亚大学伯克利分校的一个研究小组在英国《自然》杂志上发表了一篇文章。他们对从不同人群的 148 个胎盘提取的线粒体 DNA 进行研究的结果显示，人类的线粒体 DNA 高度相似，平均差异率只有 0.32% 左右。通过精密计算，研究人员得出结论，认为现代人类有一位共同的母亲，她是 20 万 ~15 万年前生活在非洲的一位女性，现今人类体内的线粒体遗传自她。这位母系祖先被称为“线粒体夏娃”。“线粒体夏娃假说”说明人类来自同一个祖先，这就是单地起源说的证据。基于线粒体 DNA 的研究，再加上体质人类学的古代标本证据，单地起源说获得了广泛的认可。

但也有不少学者对单地起源说持质疑态度，他们更认可多地起源说。多地起源说认为人类并非只起源于非洲，人类的演化是全球性的。伦敦自然历史博物馆的克里斯·斯特林格认为，智人的进化是复杂的过程。他曾对英国广播公司（BBC）说："不能单凭现代线粒体分布确定现代人类起源于一个单一位置。这超出了数据范围。它只关注基因组的一小部分，因此无法提供人类起源的全部故事。"人类文明的起源地可能有多个，只是尚未被发现。近年来，多地起源说已获得来自基因、语言和考古证据的支持。

基于目前获得较多认可的非洲起源说，科学家重建了人类走出非洲、跨越地球的路线：现代人类在 20 万 ~15 万年前起源于非洲，在大约 5 万年前扩散到世界各地，他们从非洲东部进入中东，然后到达南亚和东南亚地区，之后到达新几内亚和澳大利亚，也有一部分人从中东迁往欧洲和中亚（如图 4-44）。目前生活在苏丹、埃塞俄比亚和非洲南部的人被认为是和远古非洲的人类祖先最为接近的后代。

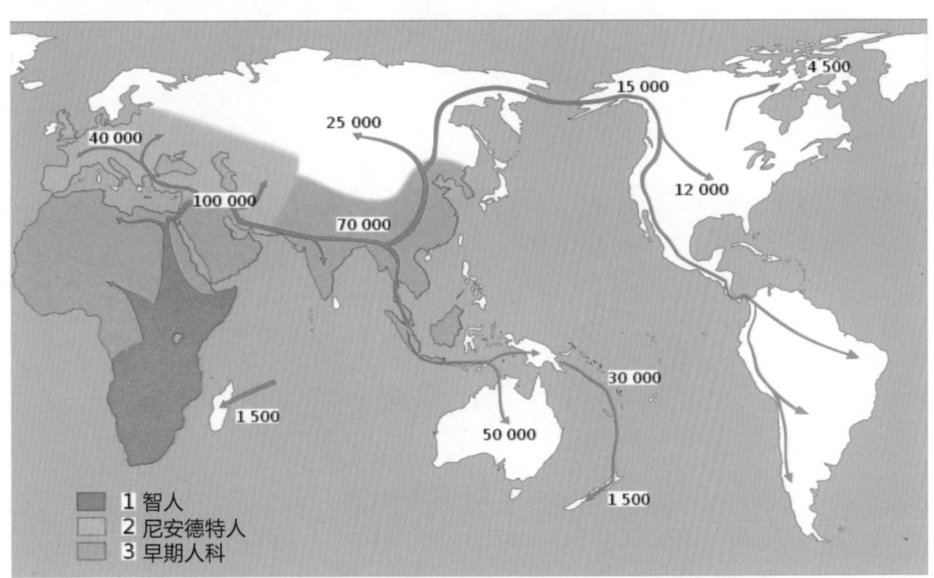

图 4-44　早期人类的迁徙（图中数字为迁徙年代）

按照非洲起源说，在人类进化史上还出现过其他一些古人类，如欧洲的尼安德特人，但这些古人类后来都消失了。

Part 5

第四纪冰期与海退

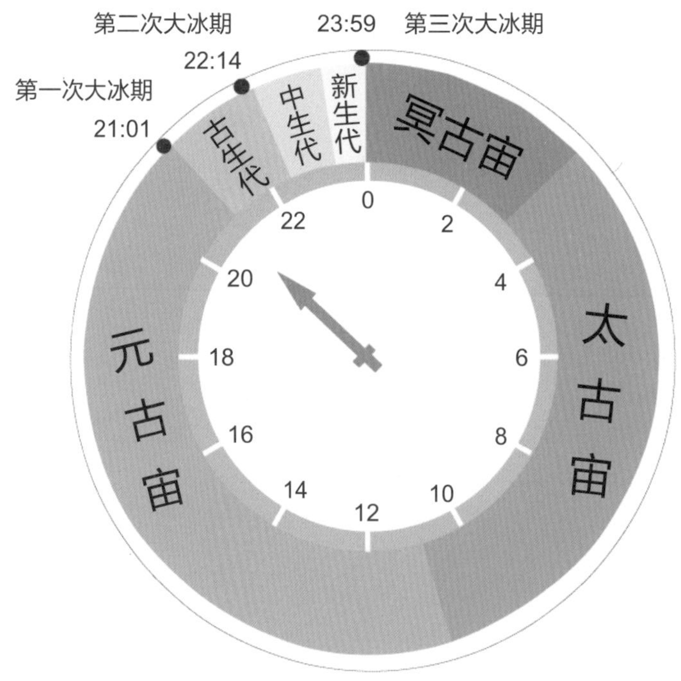

图 5-1　三次大冰期的时间

一、地球气候的长周期变化

1. 冰期与间冰期

地球诞生距今约 46 亿年，在这漫长的演化过程中，地球的气候并不是稳定不变的。地球气候处于不断变化中，而且变化幅度还非常大。

根据地质考古资料、历史文献和气候观测记录，科学家发现气候的变化是遵循一定规律的，存在周期性，几十万年到几亿年是一个大周期。不同的气候大周期之间，气候特征有显著差异。

科学家发现，46 亿年来，地球气候处在大冰期与大间冰期的交替中。在漫长的古气候变迁史里，地球经历了三次大冰期，它们分别出现在距今 5.7 亿年前的元古宙震旦纪、距今 3.4 亿 ~2.8 亿年前的石炭纪至二叠纪和距今 200 多万 ~1 万年前的第四纪（如图 5-1）。

在三次大冰期之间，地球经历了两次间冰期，它们分别出现在距今5.7 亿 ~3.4 亿年前的震旦纪末期至石炭纪初期和距今 2.8 亿 ~200 多万年前的二叠纪末期至第四纪初期。考古学家在我国长江中下游地区发现了 5.7 亿年前的震旦纪冰碛层（如图 5-2），而在黄河以北地区的震旦纪地层中则发现了龟裂纹，这说明我国经历了寒冷的冰期，也经历了温暖而干燥的间冰期。

在大冰期，全球气温大幅度降低，中、高纬度地区和高山地区形成大面积的冰盖和山岳冰川（如图 5-3）。相反，在间冰期，气温回升，冰雪消融，导致海平面上升（如图 5-4）。

图 5-2　冰碛砾石

图 5-3 大冰期

图 5-4 冰川消融

目前的研究表明，在地球发展史上，冰期的时间只占整个地球历史的10% 左右，地球大部分时间处于温暖的间冰期。

在某一气候周期里，尽管气候相对稳定，但也存在冷暖交替的小周期，它们称为亚冰期和亚间冰期。在距今 300 万 ~200 万年前开始的第四纪冰期里，2.1 万年前是第四纪冰川的巅峰，温度比现在低8~12℃，一直到1.65万年前，冰川开始融化、消退，气候逐渐回暖，但冷暖交替依然存在。我国近 2 000 年来的气温就出现过多次小幅度的升降(如图 5–5)。

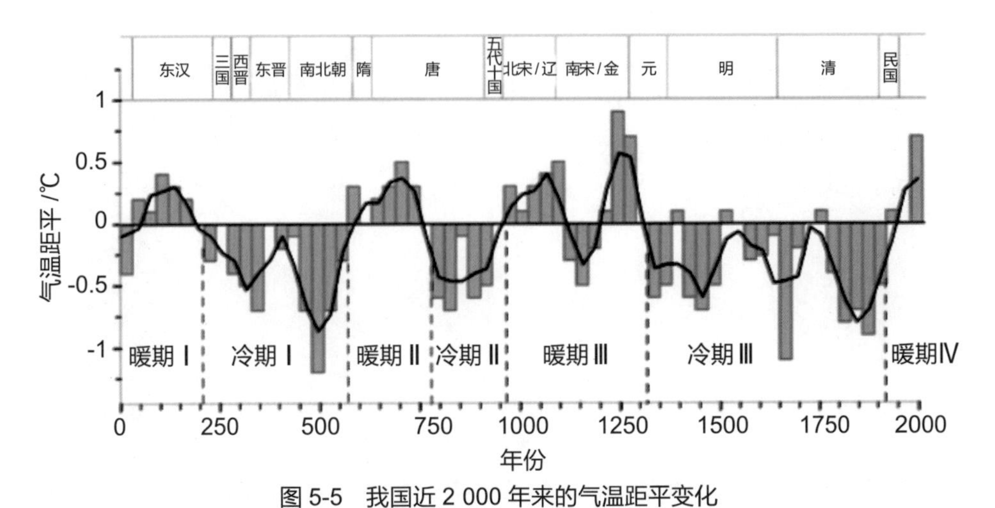

图 5-5 我国近 2 000 年来的气温距平变化

2. 地球气候周期性变化的原因

地球气候的形成与变化受到多种因素的影响与制约，既有地球本身的客观因素，也有人类活动的干扰。科学研究表明，太阳活动的强弱、地球轨道（地轴进动、地轴倾斜度、公转轨道偏心率）的变化、火山活动的强弱和下垫面性质的改变都会对地球气候产生周期性影响。

（1）太阳活动因素。物体会以电磁波的形式向外放出热量，炙热的太阳更是如此。

众所周知，太阳以电磁波的形式源源不断地向地球输送热量，尽管大气和地面对太阳辐射具有反射、散射等作用，最终只有不到一半的太阳辐射能量能到达地球表面并被地表吸收，但这个能量仍很巨大。

太阳表面有时候会出现一些暗区，这些暗区被称为太阳黑子（如图 5–6）。太阳黑子从形成到消失经历几天到几十天，从爆发、消亡到下一次爆发大约间隔 11 年。太阳黑子出现是太阳活动活跃程度的指标，每次太阳黑子爆发时（如图 5–7），太阳活动也进入活跃期，太阳将释放大量的太阳辐射，使地面气温升高。

观测数据显示，我国近 1 000 年来的气候变化与太阳活动的长期变化密切相关，寒冷期一般是太阳活动的低水平阶段，甚至是太阳活动极不活跃时期。

（2）地球轨道因素。在天文假说里，米兰科维奇理论具有开创性，它为学者提供了一个新的研究范式。20 世纪 30 年代，学者米卢廷·米兰科维奇提出，气候变化存在 3 个天文周期：为期 2 万年的地轴进动周期、为期 4 万年的地轴倾斜度变化周期和为期 10 万年的公转轨道偏心率变化周期。

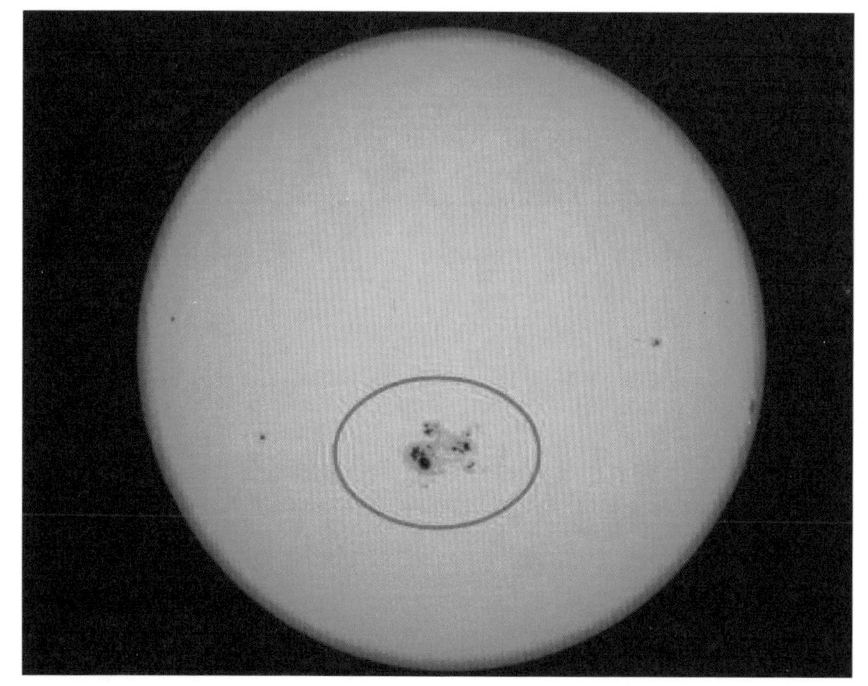

图 5-6　太阳黑子

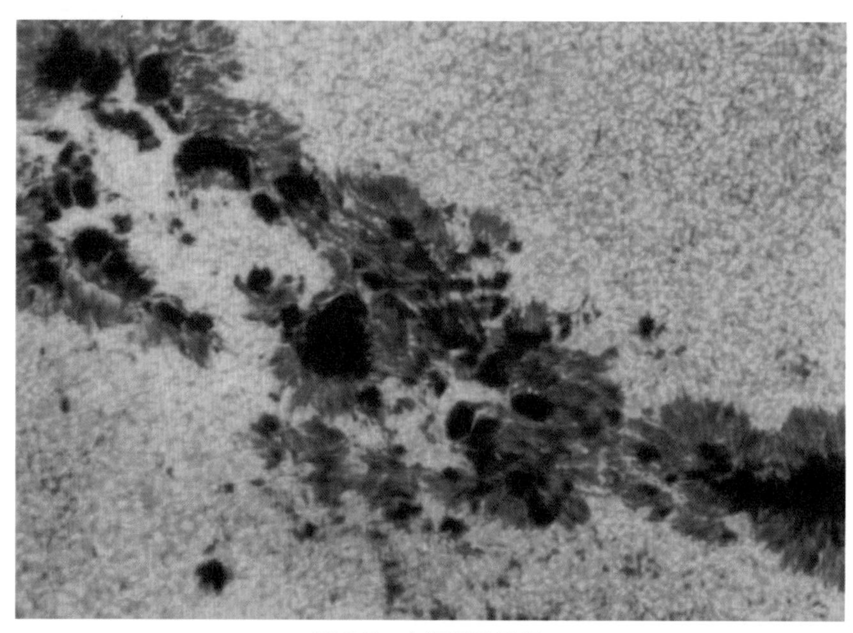

图 5-7　太阳黑子局部

20 世纪 60 年代，科学家在巴巴多斯岛、夏威夷和新几内亚进行的珊瑚礁研究表明，在距今 12.5 万年前、10.5 万年前和约 8 万年前，冰原尺寸缩小，海平面上升，存在一个 2.0 万 ~2.5 万年的周期；研究人员也在 45 万年前形成的深海岩芯中发现了以 2.3 万年、4.2 万年和 10 万年为周期的气候变化痕迹。这些发现，都为米兰科维奇的理论提供了有力支撑。

除了珊瑚礁和深海岩芯外，花粉、树木年轮（如图 5–8）、冰芯（如图 5–9）等也隐藏着古气候的痕迹。

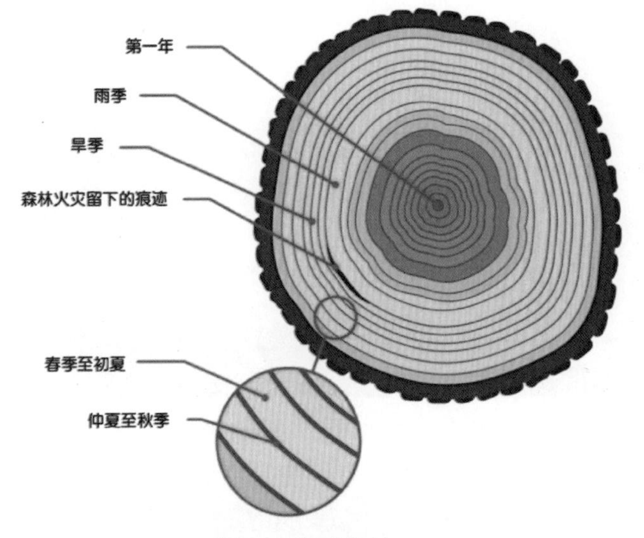

图 5-8　树木年轮

图 5-9　冰芯样品

（3）火山活动。火山活动频发时，喷发的火山灰尘会对太阳辐射进行散射和反射，使白天大气对太阳辐射的削弱作用加强，夜晚大气对地面的保温作用加强（如图 5-10）。当浓厚的火山灰尘对太阳辐射的削弱作用远大于保温作用时，气温便会降低；当火山灰尘的保温作用比削弱作用强烈时，地表气温则会升高。

图 5-10 火山灰尘对大气的削弱作用和保温作用

1815 年的坦博拉火山喷发导致了无夏之年；1991 年的皮纳图博火山喷发使全球气温降低了约 0.5°C。在极短的地质时间间隔（几百万年甚至更短）内发生的面积超过 10 万平方千米的镁铁质火成岩喷发或侵入被称为大火成岩省，它可造成全球变暖（如图 5-11）。

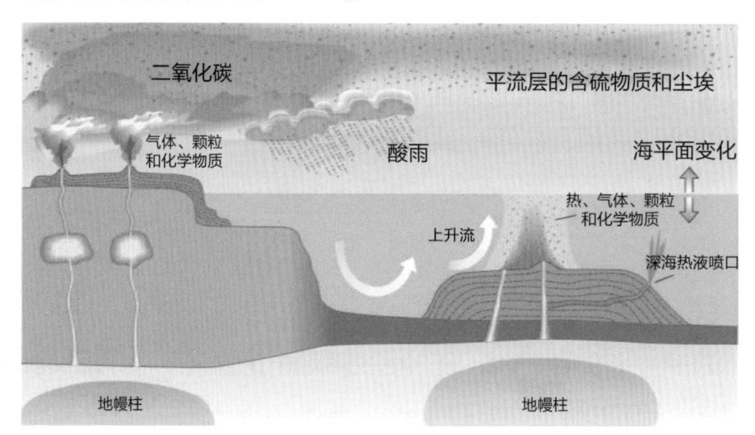

图 5-11 大火成岩省喷发伴随的物理效应和化学效应

二、第四纪冰期

1. 第四纪冰期与海退

地球历史上经历了三次大冰期，最近的一次是第四纪冰期，它发生在 200 多万年前至 1 万年前。在那 200 多万年间，地球温度再一次急剧转冷，寒冷气候带不断向低纬度地区推进，高纬度地区和低纬度的高山地区发育了大规模的冰川（如图 5-12）。

不同大洲上的冰川覆盖范围有所不同，欧洲冰盖南缘到达 50° N附近，北美洲冰盖南缘到达 40° N附近，南极大陆的冰盖也比现在大得多。

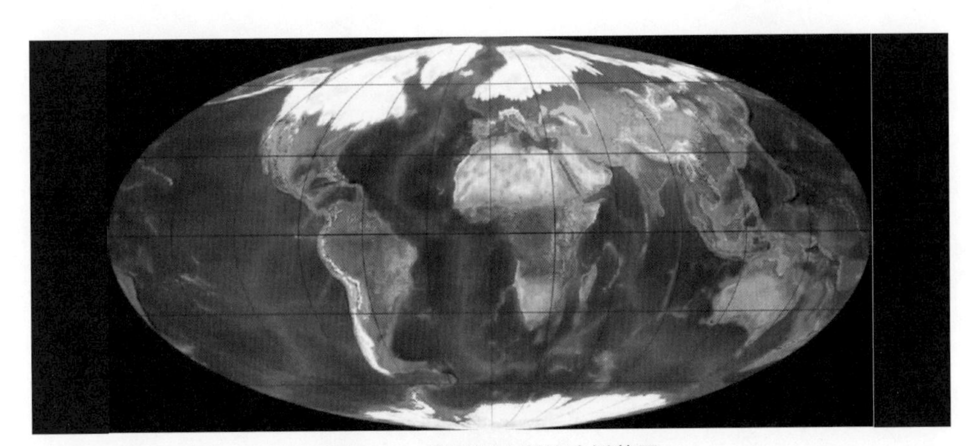

图 5-12 第四纪冰期的冰川范围

北极冰冻圈范围也迅速扩大（如图 5-13），冰川运动携带大量的泥沙、碎石等冰碛物向地势低的地方磨蚀、刨蚀，塑造着地表形态。

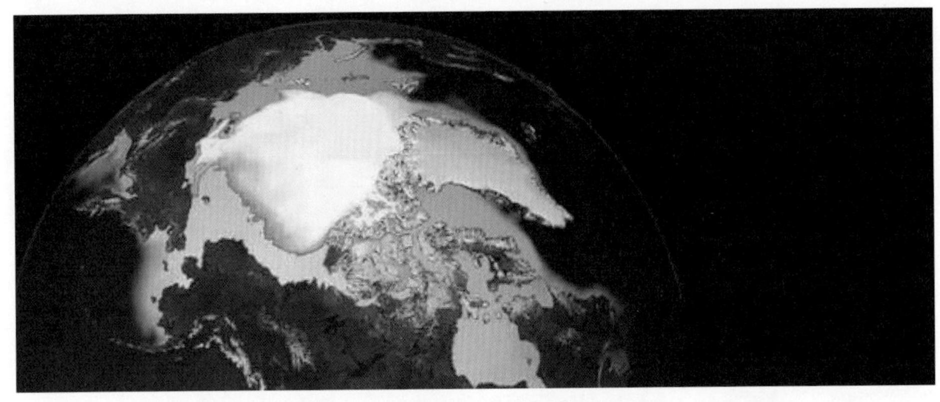

图 5-13 第四纪冰期的北极冰冻圈

在这次大冰期里，也存在寒冷与温暖的交替，共有四次亚冰期和三次亚间冰期。在温暖时期，冰川会退缩，暴露出重塑的山脉，形成新的河流。北美五大湖就是在第四纪冰期里受到冰川刨蚀而扩大成湖盆，在大陆冰川后退时冰水聚集在冰蚀洼地中形成的（如图 5-14）。其蓄水量约占世界淡水湖水量的 1/5。

图 5-14　北美五大湖

在最后一次亚冰期里，全球大陆接近 32% 的面积被冰川覆盖，大量的冰停滞在陆地上，使海平面下降了约 130 米，海岸线向海洋推进，就像潮水退去一样，这称为海退，它造成各大陆边缘大半的大陆架露出海面，成为陆地（如图 5-15）。

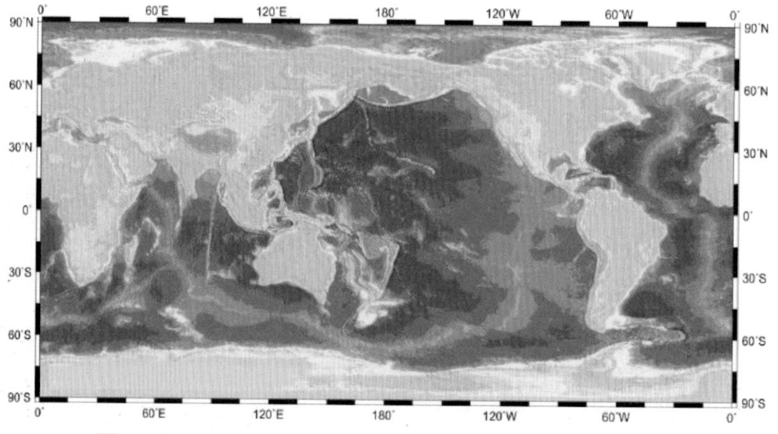

图 5-15　2.7 万 ~1.8 万年前露出水面的陆地（粉色部分）

2. 陆桥的出现与人类迁移

非洲被称为“人类的摇篮”，现代人类在大约5万年前从非洲扩散到世界各地。冰期海平面下降，一些被水淹没的陆地得以重见天日，成为沟通大洲或大陆与岛屿的陆桥，为人类迁移提供了便利，加速了人类走向世界各地的进程。

台湾岛位于亚欧大陆东部边缘的大陆架上，在第四纪冰期，海面大幅下降，最深时下降了150米左右，海水退出台湾海峡，使原本的大陆架变成广阔的平原，台湾岛和亚欧大陆相连（如图5–16）。在海峡变通途时期，亚欧大陆的古人类和古动物迁徙到了台湾岛。

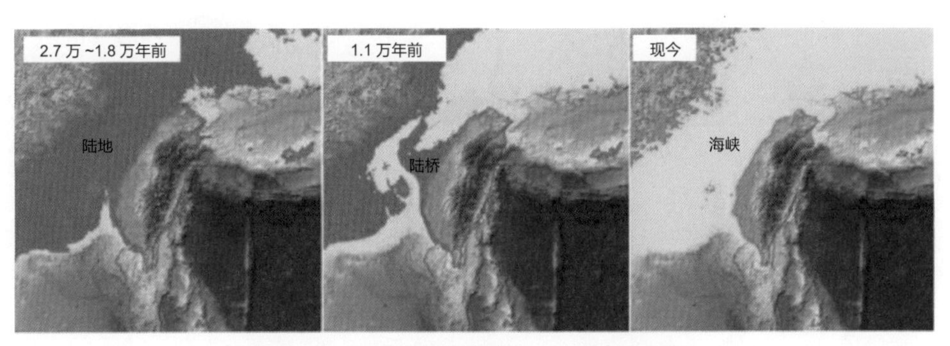

图5-16　2.7万年来台湾岛一带的海陆变迁

如今的亚欧大陆和北美洲隔着宽约80千米的白令海峡，但在第四纪冰期，由于海平面下降，白令海峡成为陆桥，一些古人类从亚洲迁徙到北美洲，成为印第安人的祖先。

除了人类的迁移外，第四纪冰期也助力了动物的迁移。中国科学院古脊椎动物与古人类研究所研究员邓涛认为，青藏高原是第四纪冰期动物的摇篮，原本生活在高原的耐寒动物披毛犀、雪豹、北极狐等在第四纪冰期来临后，由于高原气温严寒，逐渐走出高原，扩散到世界很多地区。

披毛犀（如图5–17）最后到达亚欧大陆北部的干冷草原地带，并与牦牛、盘羊和岩羊等动物共同成为猛犸象–披毛

图5-17　披毛犀

犀动物群的重要成员。猛犸象－披毛犀动物群也借助白令陆桥迁移到美洲。冰期结束后，部分冰期动物相继灭绝，但现在在北极圈和青藏高原等地区仍能看到一些冰期动物的后代。

附录　地质年代表

宙	代	纪	距今大约年代 / 百万年	环境演变：大气环境	环境演变：地质构造	环境演变：生命活动	生物进化：动物	生物进化：植物
显生宙	新生代	第四纪	2.6	23:59　第三次大冰期			23:59　晚期智人出现	现代植物时代
		新近纪	23		重要成煤期，成煤植物为被子植物		23:58　南方古猿出现	
		古近纪	65		23:38　喜马拉雅运动开始	23:40　第五次生物大灭绝	23:40　恐龙灭绝	
	中生代	白垩纪	145		燕山运动，白垩纪和侏罗纪也是重要成煤期，成煤植物为裸子植物			23:11　进入被子植物时代，出现了真正的花，大地开始变得绚烂多彩
		侏罗纪	201		22:57　冈瓦纳古陆开始分离		21:13　鸟类出现	
		三叠纪	252		22:56　大规模玄武岩喷发 印支运动	22:57　第四次生物大灭绝 22:42　第三次生物大灭绝	22:45　三叶虫灭绝 22:42　恐龙出现	
	古生代	二叠纪	290				22:25　哺乳动物出现 22:19　爬行动物出现	
		石炭纪	355	22:14　第二次大冰期	海西运动，石炭纪也是重要成煤期，成煤植物为孢子植物		22:10　两栖动物出现	22:18　进入裸子植物时代

（续表）

宙	代	纪	距今大约年代 / 百万年	环境演变			生物进化	
				大气环境	地质构造	生命活动	动物	植物
显生宙	古生代	泥盆纪	419			22:05　第二次生物大灭绝		
		志留纪	444		加里东运动	21:42　第一次生物大灭绝		21:48　进入蕨类植物时代
		奥陶纪	485					21:31　地衣和早期苔藓植物登陆，进入孢子植物时代
		寒武纪	542				21:23　三叶虫繁盛 21:17　脊椎动物出现，如鱼类 21:14　寒武纪生命大爆发，海洋无脊椎动物开始大量繁殖	
元古宙	新元古代	震旦纪		21:01　第一次大冰期			21:03　埃迪卡拉动物群出现 20:49　瓮安动物群出现	
		成冰纪						蓝藻时代
		拉伸纪						
	中元古代	狭带纪						
		延展纪						
		盖层纪						
	古元古代	固结纪						
		造山纪						
		层侵纪		12:00　大氧化事件结束				
		成铁纪	2 500					
太古宙	新太古代			10:26　大氧化事件出现，现代大气产生				
	中太古代							
	古太古代					6:31　以叠层石的形式记录生命形态达到巅峰		

（续表）

宙	代	纪	距今大约年代 / 百万年	环境演变			生物进化	
				大气环境	地质构造	生命活动	动物	植物
太古宙	始太古代					4:41　叠层石形成		3:08　生命形态出现
			4 000					
冥古宙	雨海代							
	酒神代				2:05　海洋出现			
	原生代				0:47　原始地壳形成			
	隐生代			0:31　次生大气产生				
				0:00　地球诞生，原始大气产生				
			4 600